高等职业教育工程管理类专业系列教材

建筑装饰工程预算

第3版

主　编　张崇庆
副主编　刘　宇　王起兵
参　编　刘启利　杨海涛　刘晓光　徐晓婷
主　审　张智钧

机　械　工　业　出　版　社

本书共分7章，主要介绍了建筑装饰工程及建筑装饰工程预算概述，建筑装饰工程定额，建筑装饰工程费用与计价程序，建筑装饰工程分项工程量计算规则与消耗量（计价）定额的使用，建筑装饰工程施工图预算，建筑装饰工程量清单与工程量清单计价的编制，建筑装饰工程预算审查与工程结算等相关知识。

本书可作为高职高专院校工程造价、建筑装饰工程技术等专业的教材，也可作为建设工程管理、建筑施工企业、咨询服务等部门工程造价人员的参考书。

图书在版编目（CIP）数据

建筑装饰工程预算/张崇庆主编．—3版．—北京：机械工业出版社，2015.2（2021.1重印）
高等职业教育工程管理类专业系列教材
ISBN 978-7-111-48917-7

Ⅰ.①建… Ⅱ.①张… Ⅲ.①建筑装饰-建筑预算定额-高等职业教育-教材 Ⅳ.①TU723.3

中国版本图书馆CIP数据核字（2014）第296393号

机械工业出版社（北京市百万庄大街22号 邮政编码100037）
策划编辑：王靖辉 覃密道 责任编辑：王靖辉
责任印制：常天培 责任校对：胡艳萍
北京虎彩文化传播有限公司印刷
2021年1月第3版·第6次印刷
184mm×260mm·12.5印张·295千字
标准书号：ISBN 978-7-111-48917-7
定价：32.00元

电话服务
客服电话：010-88361066
010-88379833
010-68326294

网络服务
机 工 官 网：www.cmpbook.com
机 工 官 博：weibo.com/cmp1952
金 书 网：www.golden-book.com
机工教育服务网：www.cmpedu.com

第3版前言

2012年12月25日中华人民共和国住房和城乡建设部与国家质量监督检验检疫总局联合发布《建设工程工程量清单计价规范》(GB 50500—2013)及《房屋建筑与装饰工程工程量计算规范》(GB 50854—2013),于2013年7月1日起施行。新规范总结了原规范实施以来的经验及存在的问题,并对原规范中不利于操作的条款及内容进行修正。新规范的发布为我国全面推行工程量清单计价提供了最新的政策依据和保障。

本书依据《建设工程工程量清单计价规范》(GB 50500—2013)及《房屋建筑与装饰工程工程量计算规范》(GB 50854—2013)的工程量清单编制规定及工程量清单计价的编制规定对《建筑装饰工程预算》(第2版)中的计算数据进行了再计算,书中的相关表格按照新规范的格式要求全部进行了重新绘制,使修订后的教材更结合当前实际,更注重对学生实践能力的培养。

本书还以2002年建设部颁发的GJD—901—2002《全国统一建筑装饰装修工程消耗量定额》及2003年建设部、财政部颁发的建标(2003)206号文件《建筑安装工程费用项目组成》以及2013年7月1日施行的《建设工程工程量清单计价规范》(GB 50500—2013)及《房屋建筑与装饰工程工程量计算规范》(GB 50854—2013)为主要编制依据。本书根据高职高专工程造价专业学生的就业特点,注重强调实际操作技能的培养和训练,书中实例简单易懂,又具有代表性,对学生就业后上岗操作有直接的指导作用。学生在学习本书后,既可以掌握必备的建筑装饰工程造价基础知识,又能够具备工程造价管理、施工、咨询服务等所需要的上岗操作基本技能。本书可作为高职高专院校工程造价专业教材使用,也可作为建设管理、施工企业、咨询服务等部门工程造价人员的专业参考书。

本书由辽宁建筑职业学院张崇庆任主编,辽宁建筑职业学院刘宇与内蒙古建筑职业技术学院王起兵任副主编。具体的编写分工如下:第1章、第7章由王起兵编写,第2章、第3章由刘宇编写,第4章、第6章由张崇庆编写,第5章的5.1由哈尔滨学院理工学院杨海涛编写,第5章的5.2、5.4由辽宁建筑职业学院徐晓婷编写,第5章的5.3由辽宁建筑职业学院刘启利编写,辽宁建筑职业学院刘晓光负责书中插图的绘制及本书附录C装饰图样的修改与绘制。全书由哈尔滨学院理工学院张智钧主审。

本书配有电子课件,凡使用本书作为教材的教师可登录机械工业出版社教材服务网www.cmpedu.com下载。咨询邮箱:cmpgaozhi@sina.com。咨询电话:010-88379375。

由于编者水平有限,对于书中的不足和缺点,敬请同行专家和广大读者批评指正。

编 者

第2版前言

2008年7月9日中华人民共和国住房和城乡建设部与国家质量监督检验检疫总局联合发布《建设工程工程量清单计价规范》（GB50500—2008），于2008年12月1日起施行。其总结了原规范实施以来的经验及存在的问题，并对原规范中不尽合理、可操作性不强的条款及表格进行了切实的修正。新规范的发布为我国全面推行工程量清单计价提供了最有力的政策依据和保障。

本书依据《建设工程工程量清单计价规范》（GB50500—2008）的工程量清单及工程量清单计价的编制规定对其第1版书中的计算数据全部进行了再计算，书中的相关表格按照新规范的格式要求全部进行了重新绘制，使修订后的教材更结合当前实际，更注重对学生实践能力的培养。

本书还以2002年建设部颁发的《全国统一建筑装饰装修工程消耗量定额》（GJD—901—2002）及2003年建设部、财政部颁发的建标（2003）206号文件《建筑安装工程费用项目组成》为主要编制依据。本书根据高职高专工程造价专业学生的就业特点，注重强调实际操作技能的培养和训练，书中实例简单易懂，又具有代表性，对学生就业后上岗操作有直接的指导作用。学生在学习本书后，既可以掌握必备的建筑装饰工程造价基础知识，又能够具备建筑装饰工程造价管理、施工、咨询服务等所需要的上岗操作基本技能。

本书由辽宁建筑职业技术学院张崇庆任主编，辽宁建筑职业技术学院刘宇与内蒙古建筑职业技术学院王起兵任副主编。具体的编写分工如下：第1章、第7章由王起兵编写，第2章、第3章由刘宇编写，第4章、第6章由张崇庆编写，第5章的5.1、5.2、5.4节由哈尔滨学院理工学院杨海涛编写，第5章的5.3节由辽宁建筑职业技术学院刘启利编写，辽宁建筑职业技术学院刘晓光负责书中插图的绘制及本书附录C装饰图样的修改与绘制。全书由哈尔滨学院理工学院张智钧主审。

本书配有电子课件，凡使用本书作为教材的教师可登录机械工业出版社教材服务网www.cmpedu.com下载。咨询邮箱：cmpgaozhi@sina.com。咨询电话：010-88379375。

由于编者水平有限，书中难免有不足之处，敬请同行专家和广大读者批评指正。

编　者

第1版前言

本书以2002年建设部颁发的《全国统一建筑装饰装修工程消耗量定额》(GYD—901—2002)，2003年建设部、财政部颁发的建标（2003）206号文件《建筑安装工程费用项目组成》以及2003年7月1日开始执行的《建设工程工程量清单计价规范》(GB50500—2003)为主要依据进行编写。

本书根据高职高专工程造价专业学生的就业特点，注重强调实际操作技能的培养和训练，书中实例简单易懂，且具有代表性，对学生毕业后的上岗操作有直接指导作用。学生在学习本书后，既能掌握必备的建筑装饰工程造价基础知识，又能具备建筑装饰工程造价管理、施工、咨询服务等所需要的上岗操作基本技能。本书可作为高职高专院校工程造价、建筑装饰工程技术等专业的教材，也可作为建设管理、施工企业、咨询服务等部门工程造价人员的参考书。

本书由张崇庆任主编，刘宇与王起兵任副主编，张智钧任主审。具体编写分工如下：第1章、第7章由王起兵编写，第2章、第3章由刘宇编写，第4章、第6章由张崇庆编写，第5章的5.1、5.2、5.4节由杨海涛编写，第5章的5.3节由刘启利编写，刘晓光负责书中插图的绘制及本书附录C装饰图样的修改与绘制。

由于编者水平有限，书中难免有不足之处，敬请同行专家和广大读者批评指正。

编　者

目　　录

第1章　概　论

学习目标

通过本章的学习，了解建筑装饰工程的概念及作用，熟悉建筑装饰工程预算的概念及分类；掌握建筑装饰工程项目的规模划分及建筑装饰工程施工图预算的含义。

1.1　建筑装饰工程概述

建筑装饰工程是房屋建筑工程的装饰或装修活动的总称。随着社会经济的发展，建筑施工技术的进步，生活水平的不断提高，人们对建筑物装饰标准的要求越来越高，建筑装饰工程费用也在不断增加。由于建筑装饰工程工艺性强，使用材料档次较高，因此，建筑装饰工程费用占工程总造价的比例也在不断上升。据有关资料统计，在建筑安装工程费用中，结构工程、安装工程和装饰工程的费用比例，过去是5∶3∶2，现在已变为3∶3∶4。一些国家重点建筑工程、高级饭店（宾馆）、涉外工程等建筑装饰工程的费用，已占总投资额的50%～60%。因此，合理、准确地确定建筑装饰工程造价，对于建筑装饰工程管理与技术人员而言，具有极为重要的意义。

1.1.1　建筑装饰工程的概念

建筑装饰工程是指为使建筑物、构筑物内外空间达到一定的使用要求、环境质量要求，而使用装饰材料对建筑物、构筑物外表和内部进行装饰处理的工程施工过程。

建筑装饰工程是以美学原理为依据，以各种装饰材料为基础，运用正确的施工技术来实现的艺术作品。

建筑装饰工程按其装饰效果和建造阶段的不同，可分为前期装饰工程和后期装饰工程。

前期装饰工程是指在房屋建筑工程的主体结构完成后，按照建筑、结构设计图样的要求，对有关工程部位（楼地面、墙柱面、天棚等）和构配件的表面以及有关空间进行装饰的施工过程。由于前期装饰工程是建筑设计图样规定的施工项目，通常称为“附属装饰”“一般装饰装修”或“粗装修”。

后期装饰工程是指在建筑工程交付给使用者以后，根据业主（用户）的具体要求，对新建房屋或旧房屋进行再次装饰的工程施工过程。后期装饰工程一般称为“单独装饰”“高级装饰工程”或“精装饰”；目前社会上泛称的装饰工程大部分是指后期装饰工程。

装饰工程把美学与建筑施工过程融合为一体，形成一个新型的“建筑装饰工程技术专业”，对于从属这种专业的工程，统称为建筑装饰工程。

1.1.2　建筑装饰工程的作用

对建筑物进行装饰可实现美化环境、满足某些特殊使用功能要求、体现建筑物的艺术性、协调建筑结构与设备之间的关系等作用。具体体现为：

1. 保护建筑主体结构，延长建筑物的使用寿命

通过对建筑物的装饰，可以使建筑物主体结构不受风雨和其他有害气体的直接侵蚀和影响，延长建筑物的使用寿命。

2. 保证建筑物具备某些特殊使用功能

当某些建筑物在声音、灯光、卫生、艺术造型等方面有特殊要求时，可通过对其进行的装饰活动来得以实现。

3. 进一步强化建筑物的空间布局

对一些公共娱乐设施、商场、写字楼、宾馆饭店等建筑物的内部进行合理的装饰布局可以满足使用上的各种要求。

4. 强化建筑物的艺术气氛

通过对建筑物的内外部装饰，实现对建筑物室内外环境的再创造，从而实现艺术享受和精神享受的目的。

5. 实现美化城市的目的

通过对建筑物的外部装饰，实现渲染城市主题文化思想，达到既美化建筑物本身又美化城市环境的目的。

1.1.3 建筑装饰工程的规模划分

建筑装饰工程的规模应该按照其装饰的工程项目规模进行划分。一个工程项目由大到小可划分为建设项目、单项工程、单位工程、分部工程和分项工程五个规模层次。

1. 建设项目

建设项目又称为投资项目，建设项目一般是指具有经批准按照一个设计任务书的范围进行施工，经济上实行统一核算，行政上具有独立组织形式的建设工程实体，可发挥相应的设计综合功能。一个建设项目一般来说由几个或若干个单项工程构成，也可以是一个独立工程。在民用或公用建设工程中，一所学校、一所宾馆、一个机关单位等为一个建设项目；在工业建设工程中，一个企业（工厂）、矿山（井）为一个建设项目。

2. 单项工程

单项工程又称为工程项目，是建设项目的组成部分。单项工程是指具有独立的设计文件，能够单独编制综合预算，单独施工，建成后可以独立发挥生产能力或使用效益的工程。如一所学校的教学楼、学生宿舍、图书馆等。

3. 单位工程

单位工程是单项工程的组成部分。单位工程指是具有单独设计的施工图样和单独编制的施工图预算，可以独立组织施工，但建成后不能单独发挥生产能力或使用效益的工程。通常单项工程要根据其各个组成部分的性质不同分为若干个单位工程。如一幢办公楼的一般土建工程、建筑装饰工程、给水排水工程、采暖工程、通风工程、煤气管道工程、电气照明工程均可以是一个单位工程。

单位工程是施工图预算与工程计价的基本编制单位，可单独作为工程成本的核算对象。

4. 分部工程

分部工程是单位工程的组成部分。分部工程是指按单位工程的各个部位、主要结构、使用材料或施工方法等的不同而进一步划分的工程。如建筑装饰单位工程分为楼地面工程，墙柱面工程，天棚工程，门窗工程，油漆、涂料与裱糊工程，其他工程，脚手架及其他措施项目等分部工程。

5. 分项工程

分项工程是分部工程的组成部分。根据分部工程的划分原则可将各个分部工程再进一步划分成若干个细部，即分项工程。如墙柱面装饰工程中的内墙瓷砖装饰面层、内墙花面砖装饰面层、外墙釉面砖装饰面层等均为不同的分项工程。

分项工程是各地区现行专业消耗量定额确定人工、材料、机械台班消耗量与定额单价的基本定价单位。

1.2 建筑装饰工程预算概述

随着新型装饰材料的使用及新装饰施工工艺的出现，编制建筑装饰工程预算或进行装饰工程计价越来越具有独立的专业性。建筑装饰工程现在有两种计价模式：一是传统的定额计价模式，二是工程量清单计价模式。建设部于2002年编制了《全国统一建筑装饰装修工程消耗量定额》（GYD—901—2002），各省（自治区、直辖市）以此定额为依据，分别编制了适应本地区的建筑装饰工程消耗量（计价）定额，以进行配套使用，作为本地区使用传统定额计价模式编制建筑装饰工程预算或进行建筑装饰工程计价的依据。2012年12月25日，建设部1567号公告发布了《建设工程工程量清单计价规范》（GB50500—2013）及《房屋建筑与装饰工程工程量计算规范》（GB50854—2013），各省（自治区、直辖市）也制定了相应的建设工程工程量清单计价规范实施细则，作为本地区编制建筑装饰工程量清单以及按照工程量清单计价模式进行建筑装饰工程计价的依据。

1.2.1 建筑装饰工程预算的概念

建筑装饰工程预算是指根据建筑装饰施工图和施工方案等计算出装饰工程量，然后套用现行装饰工程消耗量定额（或计价定额、估价表），并根据地区材料预算价格（或地区参考价格）、工程建设费用标准等编制的用于确定装饰工程造价的经济文件。

1.2.2 建筑装饰工程预算的分类

按照建筑装饰工程设计和施工进展阶段的不同，建筑装饰工程预算可分为建筑装饰工程投资估算、建筑装饰工程设计概算、建筑装饰工程施工图预算、建筑装饰工程施工预算和建筑装饰工程竣工结（决）算。

1. 建筑装饰工程投资估算

建筑装饰工程投资估算是在项目建议书和可行性研究阶段，由建设单位根据设计任务书的工程规模，并根据概算指标或估算指标、取费标准及有关技术经济资料等编制的估算建筑装饰工程所需投资额的经济文件。它是建筑装饰工程设计（计划）任务书的主要内容之一，也是审批立项的主要依据。

2. 建筑装饰工程设计概算

建筑装饰工程设计概算是在初步设计阶段（或扩初设计阶段），为确定拟建工程所需的投资额或费用，由设计单位根据拟建工程的初步设计图样（或扩初设计图样）、概算定额或概算指标、取费标准及有关技术经济资料等编制的计算建筑装饰工程所需建设费用的经济文件。它是编制基本建设年度计划、控制工程拨贷款、控制施工图预算的基本依据。

设计概算应该由设计单位负责编制，它包括概算编制说明、工程概算表和主要材料用量汇总表等内容。

采用三阶段设计时，为保证设计概算的编制精度，在技术设计阶段，应对原工程设计概算在工程规模、工艺结构、主要材料及设备类型选用的变化等方面进行修改和变动，形成修正概算。

3. 建筑装饰工程施工图预算

建筑装饰工程施工图预算是在施工图样设计完成的基础上，由编制单位根据工程设计图样、本地区装饰工程消耗量定额和工程费用标准、施工方案、工程承发包合同等相关文件，所编制的用来确定单位装饰工程造价的经济文件。它是确定建筑装饰工程招标标底和投标报价、签订工程承发包合同、办理工程款项和实行财务监督的依据。

施工图预算一般由施工单位编制，但建设单位在招投标工程中也可自行编制或委托有关中介咨询机构进行编制，以便作为计算招标标底的依据。施工图预算的内容包括：预算书封面、预算编制说明、工程取费表、分项工程预算表、工料汇总表、单位工程价差表和图样会审变更通知等内容。

4. 建筑装饰工程施工预算

建筑装饰工程施工预算是施工单位在签订工程合同后，根据工程设计图样、施工定额（或企业定额）和有关资料计算出施工期间所应投入的人工、材料、机械台班数量和价格等的一种施工企业内部成本核算的经济文件。它是施工企业加强施工管理、进行工程成本核算、下达施工任务和拟定节约措施的基本依据。

施工预算由施工单位编制，施工预算的内容包括：编制说明、工程量计算书、人工材料使用量计算书、“两算对比”和对比结果的整改措施等。

5. 建筑装饰工程竣工结算与竣工决算

建筑装饰工程竣工结算是指施工单位在工程竣工验收后编制的用于确定单位工程最终结算额的经济文件。竣工结算以单位工程施工图预算为基础，补充施工过程中所实际发生的设计变更费用、签证费用、政策性调整费用等内容，由施工单位编制完成后交给投资方（业主）审核确定。

建筑装饰工程竣工决算是指投资方（业主）以单位工程的竣工结算资料为基础，对单位工程建设过程中支出的全部费用额进行最终核算财务费用的清算过程。

竣工结算和竣工决算是考核建筑装饰工程预算完成额和执行情况的最终依据。

1.2.3 建筑装饰工程预算的作用

1. 它是确定建筑装饰工程造价的重要文件

建筑装饰工程预算的编制，是根据建筑装饰工程设计图样，和有关预算定额或概算指标等正规文件进行认真计算后，经有关单位审批确认的具有一定法律效力的文件，它所计算的总价值包括了工程施工中的所有费用，是被有关各方共同认可的工程造价，没有特殊情况均应遵照执行。它同建筑装饰工程的设计图样和有关批文一起，构成一个建设项目或单（项）

位工程的工程执行文件。

2. 它是选择和评价装饰工程设计方案的衡量标准

由于各类建筑装饰工程的设计标准、构成形式、工艺要求和材料类别等的不同，都会如实地反映到建筑装饰工程预算中来，因此，我们可以通过建筑装饰工程预算中的各项指标，对不同的设计方案进行分析比较和反复认证，以便从中选择出艺术上美观、功能上实用、经济上合理的设计方案来。

3. 它是控制工程投资额和办理工程款项的主要依据

经过审批的建筑装饰工程预算是投资及办理工程拨款、贷款、预付工程款和结算工程价款的依据。如果没有这项依据，执行单位有权拒绝办理任何工程款项。

4. 它是签订工程承包合同、确定招标标底和投标报价的基础

建筑装饰工程预算一般都包含了整个工程的施工内容，具体的实施要求都以合同条款形式加以明确，以备核查；而对招投标工程的标底和报价，也是在建筑装饰工程预算的基础上，依具体情况进行适当调整而加以确定的。因此，没有一个完整的工程预算书，就很难具体确定合同的实施条款和招标工程的标底或投标工程的标价。

5. 它是做好工程各施工阶段的备工备料和生产计划安排的主要依据

建设单位对工程费用的筹备计划、施工单位对工程的用工安排和材料准备计划等，都是以预算所提供的数据为依据进行安排的，因此，编制预算的正确与否，都将直接影响到生产准备工作安排的好坏。

小 结

1. 建筑装饰工程可分为前期装饰工程和后期装饰工程，前期装饰通常称为“附属装饰”“一般装饰装修”或“粗装修”；后期装饰一般称为“单独装饰”“高级装饰工程”或“精装饰”。

2. 建筑装饰工程的规模由大到小可划分为建设项目、单项工程、单位工程、分部工程和分项工程。单位工程是施工图预算与工程计价的基本编制单位，分项工程是各地区现行专业消耗量定额确定人工、材料、机械台班消耗量与定额单价的基本定价单位。

3. 建筑装饰工程预算是用于确定装饰工程造价的经济文件。其主要作用是：

1）它是确定建筑装饰工程造价的重要文件。

2）它是选择和评价装饰工程设计方案的衡量标准。

3）它是控制工程投资额和办理工程款项的主要依据。

4）它是签订工程承包合同、确定招标标底和投标报价的基础。

5）它是做好工程各施工阶段的备工备料和生产计划安排的主要依据。

思考题与练习题

1-1 装饰工程的规模如何划分？它们之间是什么关系？

1-2 装饰工程预算按不同阶段如何分类？

第2章　建筑装饰工程定额

学习目标

通过本章的学习，了解建筑装饰工程施工定额的概念、构成、编制方法与应用；掌握建筑装饰工程消耗量（计价）定额的概念与编制方法；掌握消耗量定额地区估价表（或参考价目表）的概念与编制方法、消耗量定额与地区估价表（或参考价目表）的直接使用方法与换算使用方法；了解建筑施工企业企业定额的概念、特点、作用、编制依据与编制方法。

2.1　建筑装饰工程施工定额

施工定额是施工企业基础管理工作的主要依据，根据施工定额编制的“施工预算”是项目经理部在施工现场组织施工、进行生产管理、签发班组任务单、实行限额领料、进行工程成本核算的依据。施工定额也是编制建筑装饰工程消耗量定额的基本依据。

2.1.1　施工定额的概念

施工定额是指在正常施工条件下，以建筑装饰工程的施工过程或工序为测定对象，规定完成一定计量单位的某一装饰施工过程或装饰工序合格产品所必须消耗的人工、材料和机械台班的数量标准。

正常施工条件是指施工过程符合生产工艺、施工规范和操作规程的要求，并且满足施工条件完善、劳动组织合理、机械运转正常、材料供应及时等条件要求。

施工过程是指在施工工地上对建筑装饰工程项目所进行的生产过程。它是由若干施工工序组成的综合实体，在定额中一般都以其完成的产品实体加以命名，如“地面镶贴块料”是对地面镶贴块料这一分项工程施工过程的一个描述，它是一个由调制砂浆、运输材料和镶贴块料等工序所组成的结合实体。

数量标准是指施工定额由人工消耗定额（劳动定额）、材料消耗定额和机械台班消耗定额三项定额内容所组成。

2.1.2　施工定额的作用与内容

1. 施工定额的作用

施工定额在企业管理过程中起到最基础的作用，具体可归纳为以下几个方面：

1）它是编制专业工程预算（消耗量）定额的基础文件。在专业工程预算（消耗量）定额中每个分项工程的人工都是依据劳动定额中有关施工过程的时间定额进行综合计算而得出的；材料消耗量也是按施工定额的计算式或原理进行计算的；一些机械的台班使用量也是按劳动定额中台班产量进行计算而得出的，所以，没有施工定额做基础，就不能合理编制预算（消耗量）定额。

2）它是编制施工组织设计的基本依据。施工组织设计中的施工作业进度计划是控制和安排施工进度的主要指导性文件，进度计划中各施工过程的施工时间，都是根据劳动定额的标准进行计算的，此计算结果能够正确反映出工程的实际进展情况。

3）它是编制施工预算，加强工程成本管理与成本核算的重要依据。施工预算实际上是一个成本预算书，反映工程的实际消耗水平，应该消耗的数量以施工定额为标准进行计算。

4）它是实行工程承包，安排核实工程任务的主要依据。工程承包和任务的安排，主要是人工、材料和工期的安排，而计算这些任务量的基本依据就是施工定额。

2. 施工定额的内容

目前，国内的施工定额还未形成一个综合性整体版本，国家只颁布了《全国统一劳动定额》的单行本。1985年颁布的《全国建筑安装工程统一劳动定额》共分18分册。1995年1月1日实施的《全国建筑安装工程统一劳动定额》《全国建筑装饰工程统一劳动定额》是国家颁发的最新劳动定额版本。这两个版本的劳动定额与1995年国家颁发的《全国统一建筑工程基础定额》（GJD—101—1995）是近几年国家、各省（自治区、直辖市）编制建筑装饰工程消耗量定额人工消耗量的依据。

现行的施工定额手册主要包括文字说明、定额明细项目与附录三部分内容。

1）文字说明包括总说明和各册、各章说明。总说明主要包括定额的编制依据、编制原则、适用范围、定额消耗指标的计算方法和有关规定。各册、各章说明主要包括施工方法、工程量计算规则和计算方法的说明、施工说明、班组成员配备说明等。

2）定额明细项目包括工程工作内容、定额编号、项目名称、定额单位及分项定额的人工、材料、机械台班消耗指标。为保证定额明细项目的正确使用，有些定额明细项目还要增加“分项定额的注解”。

3）附录位于施工定额手册的最后，主要包括定额名词解释、砂浆或混凝土配合比的换算、材料指标计算的相关资料等。

2.1.3 施工定额的编制

施工定额的编制水平按照大多数施工班组都能完成或实现进行确定，因此要采用“平均先进水平”的编制原则。“平均先进水平”也是一种鼓励先进、勉励中游、促动落后的定额水平，可以促进企业科学管理并提高企业经济效益。

1. 劳动定额

（1）劳动定额的概念　劳动定额又称为人工消耗定额，是指参加施工的工人在正常生产技术组织条件下，采用科学合理的施工方法，生产单位合格产品或完成一定工作任务的活劳动消耗量标准。

（2）劳动定额的表现形式　劳动定额有时间定额和产量定额两种表现形式，这两种表现形式是互为倒数的关系。

1）时间定额。时间定额也称为工时定额，是指参加施工的工人在正常生产技术组织条件下，采用科学合理的施工方法，生产单位合格产品所必须消耗的时间的数量标准。数量标准中包括准备时间、作业时间、结束时间（也包括个人生理需要时间）。时间定额表现形式为

$$时间定额 = \frac{1}{每工日产量} \tag{2-1}$$

或
$$时间定额 = \frac{班组成员工日数总和}{班组每工日总产量} \tag{2-2}$$

时间定额的常用单位是：工日/m^3、工日/m^2、工日/m、工日/t 等。

2）产量定额。产量定额指参加施工的工人在正常生产技术组织条件下，采用科学合理的施工方法，在单位时间（工日）内生产合格产品的数量标准。产量定额表现形式为

$$产量定额 = \frac{1}{单位产品时间定额} \tag{2-3}$$

或
$$产量定额 = \frac{班组每工日总产量}{班组成员工日数总和} \tag{2-4}$$

产量定额的常用单位是：m^3/工日、m^2/工日、m/工日、t/工日等。

3）时间定额与产量定额的关系。时间定额与产量定额之间是互为倒数的关系。时间定额降低则产量定额提高，即：

$$时间定额 = \frac{1}{产量定额} \tag{2-5}$$

$$产量定额 = \frac{1}{时间定额} \tag{2-6}$$

$$时间定额 \times 产量定额 = 1 \tag{2-7}$$

利用这种倒数关系可以快速进行定额数据的推导与计算，如某项抹灰工程的时间定额是0.098 工日/m^2，则对应的产量定额应该是：1/(0.098 工日/m^2) = 10.20m^2/工日。

（3）劳动定额的应用

1）利用劳动定额的时间定额可以计算出完成一定数量的装饰工程实物量所需要的总工日数。

【例 2-1】 某建筑物外墙挂贴大理石板，挂贴面积为 246m^2，时间定额为 0.345 工日/m^2，施工班组人数为 9 人，计算挂贴大理石板的施工天数。

解 定额施工工日数：246m^2 ×0.345 工日/m^2 =84.87 工日

施工天数：84.87 工日/9 =9.43 工日

或 施工天数：246m^2 ×0.345 工日/m^2/9 =9.43 工日

2）利用劳动定额的产量定额可以计算出一定数量的劳动力资源所能完成的装饰工程的实物总工程数量。

【例 2-2】 天棚吊顶安装龙骨的产量定额为 8.33m^2/工日，计算 5 人 4 天应该完成的天棚吊顶安装龙骨的总量。

解 每天完成的产量：8.33m^2/工日 ×5 =41.65m^2/工日

4 天完成的总产量：41.65m^2/工日 ×4 工日 =166.60m^2

或 4 天完成的总产量：8.33m^2/工日 ×5 ×4 工日 =166.60m^2

（4）劳动定额的表现形式

1）1985 年的《全国建筑安装工程统一劳动定额》本中的定额数据均为复式（分式）形式，其分子为时间定额，分母为产量定额。

如　某项抹灰定额为$\frac{0.098}{10.20}$，则其描述的实际定额含义是：

①时间定额：0.098 工日/m^2。

②产量定额：10.20m^2/工日。

2）1994 年的全国《全国建筑安装工程统一劳动定额》《全国建筑装饰工程统一劳动定额》中的定额数据均为单式形式，定额数据为时间定额，不再列产量定额，产量定额可按时间定额数据进行计算。

如某项抹灰定额为 0.098，则其描述的实际定额含义是：

①时间定额：0.098 工日/m^2。

②由此计算出的产量定额：$\frac{1}{0.098}m^2$/工日 = 10.20m^2/工日。

（5）劳动定额的编制方法　劳动定额的编制方法一般有经验估计法、统计分析法、比较类推法和技术测定法。

1）经验估计法。根据下述经验公式确定要编制的劳动定额数据值：

$$D = \frac{a + 4m + b}{6} \tag{2-8}$$

式中　a——最先进的值；

m——最大可能的值；

b——最保守值。

经验估计法的优点是简便易行、工作量小，缺点是精确度差，一般适用于测定品种批量小、精确度要求不高的定额数据。

2）统计分析法。统计分析法是指根据已有的生产工序或相似产品的工序工时消耗统计资料，经过整理加工得到新产品的工序定额数据的方法。

统计分析法的优点是简便易行、数据准确可靠，缺点是与当前的实际情况仍有差距，只适用于产品稳定、统计资料完整的施工工序的定额数据测定。

3）比较类推法。比较类推法是指以典型产品或工序的工时消耗数据为依据，经过对比分析推算出同类产品或工序定额数据的方法。

比较类推法的优点是简便易行、工作量小，缺点是使用面小，使用范围受到限制，只适用于同类产品规格较多、批量比较少的产品或工序定额数据测定。

4）技术测定法（工时测定法）。技术测定法是指采用现场秒表实地观测记录，并对记录进行整理、分析、研究、确定产品或工序定额数据的方法。技术测定法是编制劳动定额应采用的主要方法。

2. 材料消耗定额

（1）材料消耗定额的概念　材料消耗定额是指在一定生产技术组织条件和合理使用材料的原则下，生产单位合格产品所必须消耗的建筑材料的数量标准。

（2）材料消耗定额的表现形式　材料的定额消耗量由构成产品必须直接消耗部分（净用量）和操作与运输过程中不可避免的坏损部分（损耗量）构成。

$$材料消耗量 = 材料净用量 + 材料损耗量 \tag{2-9}$$

$$材料损耗率 = \frac{材料损耗量}{材料净用量} \times 100\% \tag{2-10}$$

$$材料消耗量 = 材料净用量 \times (1 + 材料损耗率) \tag{2-11}$$

材料消耗定额中材料的种类分为三类：直接消耗类（面砖、贴面板等）、半成品类（各类砂浆、混凝土、玛蹄脂等）、周转类材料（各类模板、脚手架等）。定额中的直接消耗类和半成品类材料均按消耗量给定，周转类材料按摊销量给定。

（3）材料消耗定额的编制方法　材料消耗定额的编制方法有观测法、统计法、试验法和理论计算法。

1）观测法。观测法是指在施工现场对材料的实际消耗情况进行观测并计算材料消耗量的方法。其一般适用于测定材料的损耗量。

2）统计法。统计法是指通过对单位工程、分部工程、分项工程实际领用的材料量和剩余材料量进行统计，经分析后确定材料定额消耗量的方法。其一般在统计资料准确、施工条件变化不大的工程中使用。

3）试验法。试验法是指通过实验室各种仪器的检测、试验，得到材料实际定额消耗量的方法。其一般适用于各种砂浆和混凝土等半成品用材料定额消耗量的测定。

4）理论计算法。理论计算法是指根据已有的各种理论计算公式计算定额材料消耗量的方法。其适用于计算各类定型产品的定额消耗量，是编制材料消耗定额的主要方法。

3. 机械台班定额

（1）机械台班定额的概念　机械台班定额是指施工现场的施工机械，在一定生产技术组织条件下，均衡合理使用机械时，规定机械单位时间内完成合格产品的数量标准或机械生产单位合格产品必须消耗的台班数量标准。

（2）机械台班定额的表现形式　机械台班定额分为单人使用单台机械和机械配合班组作业两种消耗定额，也有时间定额和产量定额（台班产量）两种表现形式。

1）单人使用单台机械的机械台班定额。

①机械台班时间定额。机械台班时间定额是指在一定生产技术组织条件下，规定机械生产单位合格产品所必须消耗的台班数量标准。

$$机械台班时间定额 = \frac{1}{机械台班产量定额} \tag{2-12}$$

机械台班时间定额的常用单位是：台班/m^3、台班/m^2、台班/m、台班/t 等。

②机械台班产量定额。机械台班产量定额是指在一定生产技术组织条件下，规定机械单位时间内（台班）生产合格产品的数量标准。

$$机械台班产量定额 = \frac{1}{机械台班时间定额} \tag{2-13}$$

机械台班产量定额的常用单位是：m^3/台班、m^2/台班、m/台班、t/台班等。

③机械台班时间定额与机械台班产量定额的关系。机械台班时间定额与机械台班产量定额是互为倒数的关系，即

$$机械台班产量定额 = \frac{1}{机械台班时间定额} \tag{2-14}$$

或

$$机械台班时间定额 = \frac{1}{机械台班产量定额} \tag{2-15}$$

2）机械配合班组作业的机械台班消耗定额。

$$人工时间定额 = \frac{班组总工日数}{机械台班产量定额} \tag{2-16}$$

$$机械台班产量定额 = \frac{班组总工日数}{人工时间定额} \tag{2-17}$$

现行的《全国建筑安装工程统一劳动定额》中的机械台班定额数据均为复式（分式）形式，其分子为配合机械工作的人工时间定额，分母为机械工作的机械台班产量定额，一项定额同时表示出人工、机械两个方面的定额数据。如安装混凝土梁（每根）的机械台班定额为$\frac{0.655}{29}$，则定额的含义是：人工时间定额为0.655工日/根，机械台班产量定额为29根/台班。

（3）机械台班定额的几种运算关系

$$班组总工日数 = 人工时间定额 \times 机械台班产量定额 \tag{2-18}$$

$$人工时间定额 = \frac{班组总工日数}{机械台班产量定额} \tag{2-19}$$

$$机械台班时间定额 = \frac{1}{机械台班产量定额} \tag{2-20}$$

机械台班定额在生产实践中主要采用技术测定法进行编制，首先在施工现场对某种机械的作业台班进行测定，再根据多次测定的结果进行加权平均后确定相应机械的机械台班定额数据。

2.2　建筑装饰工程消耗量（计价）定额

中华人民共和国建设部于2002年颁发了《全国统一建筑装饰装修工程消耗量定额》（GYD—901—2002），同时停止了1995年颁发的《全国统一建筑工程基础定额》（GJD—101—1995）中建筑装饰定额子目的使用。有的省（自治区、直辖市）根据建设部《全国统一建筑装饰装修工程消耗量定额》（GYD—901—2002）的规定，仍实行“量价合一”的定额管理模式，并陆续编制了本省（自治区、直辖市）的建筑装饰工程消耗量（计价）定额。有的省（自治区、直辖市）对定额实行“量价分离”的管理模式，以本省（自治区、直辖市）的建筑装饰工程消耗量定额作为指导性工程造价管理工具，取消了原有的“量价合一”的省（自治区、直辖市）指令性建筑装饰工程预算定额。

2.2.1　消耗量（计价）定额的概念

建筑装饰工程消耗量（计价）定额是指在一定生产技术组织条件下，为完成具有某种艺术效果的一定计量单位的装饰分项工程或装饰结构件的合格产品，规定所必须投入的人工工日、材料、机械台班的数量标准。

在一定生产技术组织条件下是指劳动力组织合理、材料供应及时、机械运转正常、临时设施齐备等施工现场所应具备的条件。

一定计量单位是指建筑装饰工程消耗量定额计量单位的设定，有的定额项目采用基本物理单位做计量单位，但也有的定额项目采用将基本物理单位扩大10倍或100倍后的扩大单位做计量单位。

合格产品是指建筑装饰工程质量不仅要求合格，艺术表现力也应符合要求。如墙面镶贴磁砖，不仅要求符合表面平整、砖缝匀直、粘贴牢固等工程质量，并且还要求面色搭配、花饰拼接符合设计或美感等要求。

数量标准表示建筑装饰工程消耗量定额由人工消耗定额、材料消耗定额和机械台班消耗定额组成。

2.2.2 消耗量（计价）定额的特点与作用

1. 消耗量（计价）定额的特点

当前，建筑装饰工程市场按招投标的承发包竞争机制确定建筑装饰装修工程价格，符合这种市场运行规律应该采取“量价分离”的计价管理形式，但作为“计量”的消耗量（计价）定额仍具有如下的特点：

1）消耗量（计价）定额在一段时间内仍然是施工企业采用“实物单价法”计算建筑装饰工程造价的主要依据。

2）消耗量（计价）定额按照地区“平均消耗水平”进行编制，基本上代表了本地区装饰施工企业的生产消耗水平。装饰施工企业在采用消耗量（计价）定额作为计算建筑装饰工程造价的主要依据时，装饰工程成本反映的是社会生产的平均消耗数量标准，代表地区装饰工程的施工水平。

3）消耗量（计价）定额的标定对象是分项工程，这种传统的细致划分有利于施工企业的工程成本核算。而对于现行的工程量清单计价模式下的工程成本核算，消耗量（计价）定额起到了很好的承上启下的关键作用。

4）装饰施工企业可以以消耗量（计价）定额的项目设置和分项定额的人工、材料、机械台班的消耗量为基础，加以充实、完善并逐步形成本企业的企业定额。

2. 消耗量（计价）定额的作用

1）消耗量（计价）定额是招标人确定建筑装饰工程招标标底、投标人确定建筑装饰工程投标报价，实行招标承包制的重要依据。

2）消耗量（计价）定额是编制建筑装饰工程施工图预算，确定建筑装饰工程预算造价的依据。

3）消耗量（计价）定额是施工企业编制人工、材料、机械台班需求量计划，统计已完成的工程量，考核工程成本，进行经济核算的依据。

4）消耗量（计价）定额是对建筑装饰工程设计方案进行技术经济评价，对新结构、新材料进行技术经济分析的依据。

5）消耗量（计价）定额是建设单位拨付工程价款、建设资金贷款和工程竣工结（决）算的依据。

6）消耗量（计价）定额是编制建筑装饰工程地区估价表（或参考价目表）、概算定额和概算指标的基础资料。

3. 消耗量（计价）定额与施工定额的主要区别

1）编制部门不同。消耗量（计价）定额由省（自治区、直辖市）工程造价管理部门统一编制；施工定额一般由施工企业自行编制，劳动定额一般由国家统一编制。

2）使用功能不同。消耗量（计价）定额是省（自治区、直辖市）编制建筑装饰工程施工图预算、招标工程标底、投标工程报价的依据；施工定额是施工企业编制建筑装饰工程施工预算的依据。

3）编制水平不同。消耗量（计价）定额按省（自治区、直辖市）的社会平均水平编制；施工定额按照施工企业的平均先进水平编制，一般约比消耗量（计价）定额水平高出10%左右。

2.2.3 消耗量（计价）定额的编制

1. 定额人工消耗量的编制

《全国统一建筑装饰装修工程消耗量定额》（GYD—901—2002）中规定：分项定额的人工消耗量不分工种、不分技术等级，采用“综合工日”来表示用工数量。人工综合工日消耗量由基本用工、辅助用工、超运距用工及人工幅度差用工的耗用量组成。

有的省（自治区、直辖市）消耗量（计价）定额中分项定额的人工消耗量虽然不分技术等级，但按普工、技工用量分别列出用工量。

（1）基本用工量　基本用工量是指组成分项装饰工程或结构构件中的各基本施工工序的用工量，按《全国建筑安装工程统一劳动定额》或《全国建筑装饰工程统一劳动定额》中的相应时间定额计算的用工量。其计算公式为：

$$\text{基本用工量}=\sum(\text{分项工程中各基本工序工程量}\times\text{相应时间定额}) \tag{2-21}$$

（2）辅助用工量　辅助用工量是指对定额中某些消耗材料进行辅助加工等辅助工序的用工数量。如现场筛砂工序、淋石灰膏等工序的用工量。其计算公式为：

$$\text{辅助用工量}=\sum(\text{分项工程中各辅助工序工程量}\times\text{相应时间定额}) \tag{2-22}$$

（3）超运距用工量　超运距用工量是指消耗量定额规定的材料运距与《全国建筑安装工程统一劳动定额》或《全国建筑装饰工程统一劳动定额》中规定的材料运距之间出现运距差值时的运输用工量。其计算公式为：

$$\text{超运距用工量}=\sum(\text{分项工程中超运距材料量}\times\text{相应时间定额}) \tag{2-23}$$

（4）人工幅度差用工量　人工幅度差用工量是指受现场各种因素影响而必须消耗的但又无法使用劳动定额计算的用工量，一般采用系数法进行补贴计算，如工序交接、技术交底、安全教育、女工哺乳等难以预料的用工量。其计算公式为：

$$\text{人工幅度差用工量}=(\text{基本用工量}+\text{辅助用工量}+\text{超运距用工量})\times\text{人工幅度差系数} \tag{2-24}$$

人工幅度差系数的取定原则：建筑装饰工程按15%取定。

$$\text{分项定额综合工日数量}=\left(\begin{matrix}\text{基本}\\\text{用工量}\end{matrix}+\begin{matrix}\text{辅助}\\\text{用工量}\end{matrix}+\begin{matrix}\text{超运距}\\\text{用工量}\end{matrix}\right)\times(1+\text{人工幅度差系数}) \tag{2-25}$$

2. 定额材料消耗量的编制

建筑装饰工程消耗量（计价）定额的材料消耗量由材料净用量和损耗量构成。其计算公式为：

$$\text{材料消耗量}=\text{材料净用量}+\text{材料损耗量} \tag{2-26}$$

或

$$\text{材料消耗量}=\text{材料净用量}\times(1+\text{材料损耗率}) \tag{2-27}$$

其中

$$\text{材料损耗量}=\text{材料净用量}\times\text{材料损耗率} \tag{2-28}$$

消耗量（计价）定额中的材料可分为主要材料、辅助材料、周转型材料、零星材料，其中主要材料与辅助材料列出定额消耗量；周转型材料列出定额摊销量；用量小并占材料比重小的零星材料合并为其他材料费，以材料费的百分比表示。几种主要材料定额消耗量的计算公式如下：

（1）楼地面定额材料消耗量计算　当楼地面消耗量定额的计量单位取定为 $1m^2$ 时，计算公式为：

$$\text{镶贴块料定额消耗量} = \text{取定计算面积} \times (1 + \text{材料损耗率}) \tag{2-29}$$

$$\text{镶贴块料定额黏结砂浆量} = \text{取定计算面积} \times \text{黏结厚度} \times (1 + \text{材料损耗率}) \tag{2-30}$$

楼地面定额中的取定计算面积规定为：一般楼地面面层按 $1m^2$、楼梯面层按 $1.365m^2$、台阶面层按 $1.48m^2$、其他面层按 $1.11m^2$ 取定。花岗岩、大理石板等厚料的砂浆黏结厚度为30mm，地面砖、马赛克等薄料的砂浆黏结厚度为20mm。

（2）墙柱面定额材料消耗量计算　当墙柱面消耗量定额的计量单位取定为 $1m^2$ 时，计算公式为：

$$\text{墙面镶贴块料定额消耗量} = 1 \times (1 + \text{材料损耗率}) \tag{2-31}$$

$$\text{墙面镶贴块料定额黏结砂浆量} = 1 \times \text{黏结厚度} \times \left(1 + \frac{\text{砂浆}}{\text{压实系数}} + \frac{\text{材料}}{\text{损耗率}}\right) \tag{2-32}$$

$$\text{柱面镶贴块料定额消耗量} = 1 \times \text{转角系数} \times (1 + \text{材料损耗率}) \tag{2-33}$$

$$\begin{matrix}\text{柱面镶贴块料}\\\text{定额黏结砂浆量}\end{matrix} = 1 \times \text{黏结厚度} \times \text{转角系数} \times \left(1 + \frac{\text{砂浆}}{\text{压实系数}} + \frac{\text{材料}}{\text{损耗率}}\right) \tag{2-34}$$

以上各式中的砂浆压实系数是指黏结砂浆压入墙面、柱面基层时的体积偏差系数，水泥砂浆按9%取定；转角系数是指材料在柱角操作时的损耗系数，具体取定数值为：

1）混凝土柱：贴花岗岩、大理石等大块料时取1.295，贴墙面砖、马赛克等小块料时取1.124，黏结砂浆取1.098。

2）砖柱：贴大块料时取1.247，贴小块料时取1.124，黏结砂浆取1.067。

（3）天棚吊顶工程的定额材料消耗量计算

1）天棚吊顶工程消耗量定额的龙骨材料为轻钢龙骨或铝合金龙骨时，龙骨不分大龙骨、中龙骨、小龙骨，均按成品龙骨平方米综合消耗量计入定额，当天棚吊顶工程消耗量定额的计量单位取定为 $1m^2$ 时，计算公式为：

$$\text{吊顶龙骨的定额消耗量} = 1 \times (1 + \text{损耗率}) \tag{2-35}$$

2）天棚吊顶工程消耗量定额的龙骨材料为木龙骨时，定额按大龙骨、中龙骨、小龙骨分别计算后，按立方米消耗量计入定额，计算公式为：

$$\text{某种龙骨定额消耗量} = \frac{[(\text{天棚长} + \text{龙骨后备长度}) \times \text{长方向根数} + (\text{天棚宽} + \text{龙骨后备长度}) \times \text{宽方向根数}]}{\text{天棚面积}} \times \text{每延长米体积} \times (1 + \text{损耗率}) \tag{2-36}$$

式中　龙骨后备长度——用于模数、延边、修角等必须增加的定额龙骨长度，取定值为：大龙骨取0.18m，中龙骨取0.16m，中龙骨横称取0.47m，小龙骨取0.16m。

$$\text{天棚吊顶的面层材料定额消耗量} = 1 \times (1 + \text{损耗率}) \tag{2-37}$$

3. 定额机械台班消耗量的编制

定额机械台班消耗量是指完成规定计量单位的合格产品所必须消耗的机械台班数量。

建筑装饰工程中所用的机械不多，一般均为小型机械，因此，一般不考虑机械幅度差，定额机械台班消耗量计算式为：

定额某种机械台班消耗量 = 需加工材料的定额消耗量 / 台班产量 (2-38)

建筑装饰工程消耗量（计价）定额中的几种主要机械台班产量定额取定如下：

1）砂浆搅拌机按 $6m^3$/台班计算。

2）石料切割机：大理石楼地面按 20m/台班、大理石楼梯面按 20.34m/台班、花岗岩楼地面按 24m/台班、花岗岩楼梯面按 24.41m/台班、彩釉砖与地砖楼地面按 22.22m/台班、彩釉砖与地砖楼梯面按 22.6m/台班；墙柱面块料面层按 $25m^2$/台班计算。

3）电锤按 80 眼/台班计算。

2.3 消耗量定额的地区估价表（或参考价目表）

消耗量定额与其对应的地区估价表是工程造价部门实行“量价分离”的工程造价动态管理模式后产生的一对关联体。要计算建筑装饰工程造价，就必须将消耗量定额的各项消耗量与某时段的地区价格相乘后计算出对应的定额基价，从而将分项工程的各项消耗量转化为商品的价值。

2.3.1 地区估价表（或参考价目表）的概念

1. 地区估价表

地区估价表又称为地区统一基价表，是各省（自治区、直辖市）工程造价主管部门根据本省（自治区、直辖市）建筑装饰工程消耗量定额中每个项目的综合工日、材料用量和机械台班消耗量等数量，乘以本省（自治区、直辖市）所确定的人工工日单价、材料预算价格和机械台班预算单价等，制定出的本省（自治区、直辖市）建筑装饰工程消耗量定额各子目的定额基价、人工费基价、材料费基价、机械费基价，是用统一货币形式表现的一种价值表。地区估价表是某省（自治区、直辖市）建筑装饰工程消耗量定额在某个时段的货币价值指标的具体体现。

2. 地区参考价目表

省（自治区、直辖市）工程造价主管部门对建筑装饰工程造价实行指导性管理模式后，施工企业可以按照企业定额与市场价格自主进行投标报价，本省（自治区、直辖市）建筑装饰工程消耗量定额在某个时段的货币价值指标（地区估价表）在计算建筑装饰工程造价过程中的作用已经由原来的强制指标变为参考指标。从这个意义上讲，地区估价表实际上是一种计算建筑装饰工程造价的参考价格表。因此，有的省（自治区、直辖市）工程造价主管部门在颁发时直接将地区估价表改为地区参考价目表。

2.3.2 地区估价表（或参考价目表）的编制依据

1）《全国统一建筑装饰装修工程消耗量定额》（GYD—901—2002）。

2）本省（自治区、直辖市）建筑装饰工程消耗量定额。

3）本省（自治区、直辖市）建筑与装饰工程混凝土、砂浆配合比表。

4）本省（自治区、直辖市）建筑装饰工人日工资标准（或日工资参考标准）。

5）本省（自治区、直辖市）建筑装饰材料预算价格（或材料参考价格）。

6）本省（自治区、直辖市）建筑装饰施工机械台班预算价格（或机械台班参考价格）。

7）国家与省（自治区、直辖市）对编制地区估价表（或参考价目表）的有关规定及计算手册等有关资料。

2.3.3 地区估价表（或参考价目表）的编制方法

单位估价表是由若干个分项工程和结构构件的单价组成的，因此，编制单位估价表的主要工作是计算分项工程或结构构件的基价或综合基价。基价中的人工费基价是由消耗量定额中每一分项工程的综合工日数，乘以本省（自治区、直辖市）建筑装饰工人日工日单价（或工人日工日单价参考标准）计算的结果；材料费基价是由消耗量定额中每一分项工程的材料消耗量，乘以本省（自治区、直辖市）建筑装饰材料预算价格（或材料参考价格）之和计算的结果；机械费基价是由消耗量定额中每一分项工程的机械台班消耗量，乘以本省（自治区、直辖市）建筑装饰装修施工机械台班预算价格（或机械台班参考价格）之和计算的结果。具体的计算公式为：

$$\text{分项工程消耗量定额基价} = \text{人工费基价} + \text{材料费基价} + \text{机械费基价} \tag{2-39}$$

其中

$$\begin{matrix}\text{人工费}\\\text{基价}\end{matrix} = \begin{matrix}\text{分项工程}\\\text{综合工日数量}\end{matrix} \times \begin{matrix}\text{本省（自治区、直辖市）建筑装饰}\\\text{工人日工日单价（或工人日工日单价参考标准）}\end{matrix} \tag{2-40}$$

$$\begin{matrix}\text{材料费}\\\text{基价}\end{matrix} = \Sigma\left[\begin{matrix}\text{分项工程}\\\text{定额材料用量}\end{matrix} \times \begin{matrix}\text{本省（自治区、直辖市）建筑}\\\text{装饰材料预算价格（或材料参考价格）}\end{matrix}\right] \tag{2-41}$$

$$\begin{matrix}\text{机械费}\\\text{基价}\end{matrix} = \Sigma\left[\begin{matrix}\text{分项工程定额}\\\text{机械台班使用量}\end{matrix} \times \begin{matrix}\text{本省（自治区、直辖市）建筑装饰}\\\text{施工机械台班预算价格（或机械台班参考价格）}\end{matrix}\right] \tag{2-42}$$

1. 工人日工日单价（或工人日工日单价参考标准）的确定

工人日工日单价是指一个建筑装饰工人工作一个工作日在计价时应计入的全部人工费用。它基本上反映了建筑装饰工人的工资水平和一个工人在一个工作日中可以得到的劳动报酬。按照现行有关规定，其内容组成如图 2-1 所示。

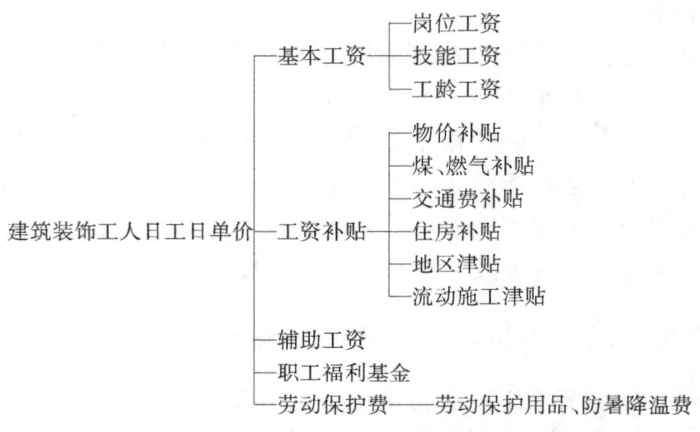

图 2-1 建筑装饰工人日工日单价组成图

2. 材料预算价格（或材料参考价格）**的确定**

材料预算价格（又称为材料单价或取定价）是指材料由来源地或交货地点，经中间转运，到达工地仓库或施工现场并经检验试验合格后的全部价格。它包括材料的平均出厂原价、包装费、运输费、采购保管费等，一般可按下式计算：

$$\begin{matrix}\text{材料预算价格}\\ \text{（或材料参考价格）}\end{matrix}=\left(\begin{matrix}\text{材料}\\ \text{平均原价}\end{matrix}+\text{包装费}+\text{运杂费}\right)\times\left(1+\begin{matrix}\text{采购及}\\ \text{保管费率}\end{matrix}\right)-\begin{matrix}\text{包装品}\\ \text{回收价值}\end{matrix} \tag{2-43}$$

（1）材料平均原价　材料原价是指材料的出厂价或交货地价格或市场批发价，以及进口材料的调拨价。在确定平均原价时，同一种材料因产地或供应单位的不同而有几种原价时，应根据不同来源地的供应数量及不同的单价，计算出加权平均原价。

（2）材料包装费　材料包装费是指为了便于材料运输，减少材料损耗以及保护材料而进行包装所需要的费用。包装费的计算一般有以下两种情况：

1）材料由生产单位负责包装者，其包装费已包括在材料原价内，不能再列入材料预算价格内计算，但包装材料回收值应从材料包装费中予以扣除。

2）采购单位自备包装材料（或容器）者应计算包装费，列入材料预算价格中。

（3）材料运杂费　材料运杂费是指材料由来源地（或交货地）运到工地仓库（或存放地点）的全部过程中所发生的一切费用。

（4）材料采购及保管费　材料采购及保管费是指材料管理部门在组织采购、供应和保管材料过程中所发生的各种费用。包括各级材料部门的职工工资、职工福利、劳动保护费、差旅及交通费、办公费等。

目前国家规定的综合采保费率为2.5%（其中采购费率为1%，保管费率为1.5%）。由建设单位供应材料到现场仓库，施工单位只计取保管费。

3. 施工机械台班预算价格（或机械台班参考价格）**的确定**

施工机械台班预算价格按费用因素的性质，分为一类费用（又称为不变费用）和二类费用（又称为变动费用）。一类费用包括折旧费、大修理费、经常维修费、替换设备费、润滑材料及擦拭材料费、安装拆卸及辅助设施费、大型机械进出场费用等；二类费用包括机上操作人员工资、燃料动力费、车船使用税、年检费、保险费等。

2.4 建筑装饰工程消耗量（计价）定额与地区估价表的应用

《全国统一建筑装饰装修工程消耗量定额》（GYD—901—2002）及各省（自治区、直辖市）建筑装饰工程消耗量（计价）定额编制时，已在定额项目的设置方面尽可能地考虑了建筑装饰施工的实际需要，因此，消耗量（计价）定额的项目具有代表性、综合性、广泛性，给定额的使用套项带来极大的方便。但由于新装饰施工工艺的产生和新型建筑装饰材料的推广使用，现有的定额项目不能都将此一一涵盖。考虑这些可能的因素，某些定额项目在编制时就保留了调整（或换算）使用说明，按照这些调整（或换算）使用说明的要求既可以直接进行定额项目的套项使用，又可以对某些定额项目进行调整（换算）的套项使用，从而也使消耗量（计价）定额的使用更加具有灵活性。

2.4.1 消耗量（计价）定额与地区估价表的直接应用

当分项装饰工程的实际设计内容与某项定额的工作内容一致（或基本一致）时，可直接套用该项定额基价计算出分项工程的直接工程费及分项工程的综合用工量、各种材料用量、各种机械台班用量。

本书计算实例中均采用2008年《辽宁省建筑工程计价定额A》（以下简称《计价定额A》）及2008年《辽宁省装饰装修工程计价定额B》（以下简称《计价定额B》）、《辽宁省建设工程混凝土、砂浆配合比标准》（以下简称《配合比表》）为定额消耗量和工程计价依据。

【例2-3】 某工程混凝土墙面采用斩假石(12+10)mm做装饰面层，若装饰面积为168m²，计算混凝土墙面装饰面层的直接工程费及墙面装饰消耗的人工、材料、机械台班的数量。

解 1）计算混凝土墙面斩假石(12+10)mm的直接工程费。

查《计价定额B》2-11项知："混凝土墙面斩假石(12+10)mm"的定额基价为5573元/100m²，则直接工程费为168m²/100×5573.91元/100m²=9364.17元

2）计算混凝土墙面斩假石(12+10)mm消耗的人工、材料、机械台班的用量，见表2-1。

表2-1 混凝土墙面斩假石（12+10）mm人工、材料、机械台班用量表

序号	定额号	项目名称	规格	单位	工程量	单位定额	用量
1	定额B2-11	混凝土墙面斩假石		100m²	1.68		
(1)		普工		工日	1.68	15.444	25.95
(2)		技工		工日	1.68	61.776	103.78
(3)		水泥砂浆	1:3	m³	1.68	1.39	2.335
①	配合比表277	水泥	32.5级	kg	2.335	408.00	952.68
②	配合比表277	粗砂		m³	2.335	1.03	2.41
③	配合比表277	水		m³	2.335	0.30	0.70
(4)		水泥白石子浆	1:1.5	m³	1.68	1.16	1.949
①	配合比表293	水泥	32.5级	kg	1.949	945.00	1841.81
②	配合比表293	白石子		kg	1.949	1189.00	2317.36
③	配合比表293	水		m³	1.949	0.30	0.58
(5)		108胶素水泥浆		m³	1.68	0.10	0.168
①	配合比表311	水泥	32.5级	kg	0.168	1502.00	252.34
②	配合比表311	108胶		kg	0.168	12.00	2.02
③	配合比表311	水		m³	0.168	0.30	0.05
(6)		水		m³	1.68	0.84	1.41

（续）

序号	定额号	项目名称	规格	单位	工程量	单位定额	用量
(7)		灰浆搅拌机	200L	台班	1.68	0.43	0.72
2		小计					
(1)		普工		工日			25.95
(2)		技工		工日			103.78
(3)		水泥	32.5级	kg			3046.83
(4)		粗砂		m^3			2.41
(5)		水		m^3			2.74
(6)		白石子		kg			2317.36
(7)		108胶		kg			2.02
(8)		灰浆搅拌机	200L	台班			0.72

2.4.2　消耗量（计价）定额与地区估价表的调整与换算应用

当分项装饰工程的实际设计内容与某项定额的工作内容不一致时，可按照该项“定额的调整或换算使用说明”在允许的范围内对定额基价进行调整或换算，再套取调整或换算后的定额新基价，正确计算出分项装饰工程的直接工程费及分项工程的综合用工量、材料用量、机械台班用量。

1. 定额混凝土、砂浆配合比单价的换算

《计价定额B》总说明第十条规定：“本定额中的砂浆、混凝土标号（包括骨料粒径）与设计规定不同时，可以按实换算”。

1）设计砂浆标号与定额砂浆标号不同时，换算公式为

$$\begin{matrix}定额\\新基价\end{matrix}=\begin{matrix}定额\\原基价\end{matrix}+\begin{matrix}定额\\砂浆含量\end{matrix}\times\left(\begin{matrix}设计砂浆\\配合比单价\end{matrix}-\begin{matrix}定额砂浆\\配合比单价\end{matrix}\right)\tag{2-44}$$

2）设计混凝土标号与定额混凝土标号不同时，换算公式为

$$\begin{matrix}定额\\新基价\end{matrix}=\begin{matrix}定额\\原基价\end{matrix}+\begin{matrix}定额\\混凝土含量\end{matrix}\times\left(\begin{matrix}设计混凝土\\配合比单价\end{matrix}-\begin{matrix}定额混凝土\\配合比单价\end{matrix}\right)\tag{2-45}$$

【例2-4】　某工程的混凝土外墙面用1∶2水泥砂浆干粘白石子（18mm）做装饰面层，若装饰面积为240m^2，计算墙面装饰的直接工程费及墙面装饰应消耗的人工、材料、机械台班的用量。

解　1）计算墙面干粘白石子（18mm）的直接工程费。

查《计价定额B》2-7项知：“混凝土墙面干粘白石子（18mm）”的定额基价为2068.15元/100m^2，定额所含砂浆配合比标号为水泥砂浆1∶3，定额砂浆含量为2.08m^3/100m^2。

查《配合比表》13-275项知：1∶2水泥砂浆单价为214.88元/m^3。

查《配合比表》13-277项知：1∶3水泥砂浆单价为174.68元/m^3。

则换算后“混凝土墙面干粘白石子（18mm）”的定额新基价为

2068.15 元/100m² + 2.08m³/100m² ×（214.88 元/m³ − 174.68 元/m³）= 2151.77 元/100m²

直接工程费：2151.77 元/100m² ×240/100 = 5164.25 元

2）计算墙面干粘白石子（18mm）消耗的人工、材料、机械台班的用量，见表2-2。

表2-2 墙面干粘白石子（18mm）人工、材料、机械台班用量表

序号	定额号	项目名称	规格	单位	工程量	单位定额	用量
1	定额 B2-7	墙面干粘白石子		100m²	2.40		
(1)		普工		工日	2.40	4.898	11.76
(2)		技工		工日	2.40	19.592	47.02
(3)		白石子		kg	2.40	755.37	1812.89
(4)		水泥砂浆	1:2①	m³	2.40	2.08②	4.992
①	配合比表 275	水泥	32.5 级	kg	4.992	557.00	2780.54
②	配合比表 275	粗砂		m³	4.992	0.94	4.69
③	配合比表 275	水		m³	4.992	0.30	1.50
(5)		108 胶素水泥浆		m³	2.40	0.10	0.24
①	配合比表 311	水泥	32.5 级	kg	0.24	1502.00	360.48
②	配合比表 311	108 胶		kg	0.24	12.00	2.88
③	配合比表 311	水		m³	0.24	0.30	0.07
(6)		水		m³	2.40	0.76	1.82
(7)		灰浆搅拌机	200L	台班	2.40	0.35	0.84
2		小计					
(1)		普工		工日			11.76
(2)		技工		工日			47.02
(3)		白石子		kg			1812.89
(4)		水泥	32.5 级	kg			3141.02
(5)		粗砂		m³			4.69
(6)		水		m³			3.39
(7)		108 胶		kg			2.88
(8)		灰浆搅拌机	200L	台班			0.84

① 计算水泥砂浆配制材料时，应按换算后的实际设计标号（水泥砂浆 1:2）配合比分析计算。

② 换算前后定额砂浆含量相同，不能改变。

2. 定额项目增（减）倍数的换算

《计价定额 A》的“找平层”“地面整体面层”“墙面抹灰”定额等是按照某种厚度编制的，《计价定额 B》的“面层刷油”定额是按照某种遍数编制的，当设计厚度或遍数与定

额不同时，可以调整“增（减）项定额”的倍数，实现设计的要求，调整公式为：

$$定额新基价 = 定额原基价 + 增(减)项定额基价 \times 倍数 \tag{2-46}$$

【例2-5】 某工程在混凝土屋面板上做1:3水泥砂浆找平层10mm厚，若找平层面积为62m²，计算水泥砂浆找平层的直接工程费。

解 查《计价定额A》9-28项知：“1:3水泥砂浆找平层（20mm厚）”的定额单价为742.71元/100m²。再选定额9-30项知：“找平层每增（减）5mm厚”的定额基价为153.80元/100m²。

则 调整后“1:3水泥砂浆找平层10mm厚”的定额新基价为

$742.71 元/100m^2 - 2\times153.80 元/100m^2 = 435.11 元/100m^2$

直接工程费：$435.11 元/m^2 \times 62/100 = 269.77 元$

3. 定额某项基价乘以系数的换算

消耗量（计价）定额是按照正常的设计或施工条件编制的，当遇到某些特殊情况时，可采取对定额中某项基价（或消耗量）增（减）系数的方法实现设计的要求，调整公式为：

$$定额新基价 = 定额原基价 + 定额某项基价 \times [增(减)系数 - 1] \tag{2-47}$$

【例2-6】 某工程外墙面为弧形，使用白色水刷石(12+10)mm做装饰面层，若装饰面积为19.62m²，计算墙面水刷石(12+10)mm面层的直接工程费。

解 查《计价定额B》2-3项知：“墙面白色水刷石(12+10)mm”的定额基价为2882.14元/100m²，定额人工费基价为1937.23元/100m²，定额材料费基价为904.27元/100m²，查P105页说明三知：弧形墙面装饰时应按直墙面定额的人工乘以系数1.15，材料乘以系数1.05。

则调整后“弧形墙面白色水刷石（12+10）mm”的定额新基价为

$2882.14 元/100m^2 + 1937.23 元/m^2 \times (1.15-1) + 904.27 元/m^2 \times (1.05-1) = 3217.94 元/m^2$

直接工程费：$3217.94 元/100m^2 \times 19.62/100 = 631.36 元$

4. 墙面镶贴块料定额的块料用量及灌缝砂浆用量的换算

《计价定额B》第105页说明六规定：墙面镶贴块料的灰缝与定额灰缝宽度不同或灰缝宽度超过20mm时，块料用量及灌缝砂浆（水泥砂浆1:1）用量允许换算，其他不变。

（1）100m² 墙面装饰块料用量计算公式

净用块数 = 100/[(块料长 + 缝宽) × (块料宽 + 缝宽)]

块料消耗量 = 100/[(块料长 + 缝宽) × (块料宽 + 缝宽) × (1 + 损耗率)]

块料净用面积 = 净用块数 × 块料长 × 块料宽

块料消耗面积 = 块料净用面积 × (1 + 损耗率)

（2）100m² 墙面装饰块料灌缝砂浆净用量的计算公式（灌缝用1:1水泥砂浆）

灌缝砂浆净用量 = (100 - 块料净面积) × 块料厚度

100m² 墙面砂浆消耗量 = 灌缝砂浆净用量 × (1 + 损耗率 + 砂浆压实系数)

式中 砂浆压实系数——水泥砂浆压入墙面后产生的体积差值，水泥砂浆一般取9%。

（3）墙面定额块料用量及灌缝用1:1水泥砂浆量的换算公式

$$\begin{matrix}定额\\新基价\end{matrix} = \begin{matrix}定额\\原基价\end{matrix} + \begin{matrix}块料\\预算价格\end{matrix} \times \left(\begin{matrix}设计块\\料面积\end{matrix} - \begin{matrix}定额块\\料面积\end{matrix}\right) + \begin{matrix}砂浆\\单价\end{matrix} \times \left(\begin{matrix}设计\\砂浆用量\end{matrix} - \begin{matrix}定额\\砂浆用量\end{matrix}\right) \tag{2-48}$$

【例 2-7】 某工程外墙面镶贴墙面砖做装饰面层，墙面砖规格：150mm×75mm（砖厚10mm），设计要求贴墙面砖灰缝宽 8mm。若面砖损耗率为 6.4%，灌缝砂浆损耗率为 1%，砂浆压实系数为 9%，镶贴面积为 $100m^2$，计算镶贴墙面砖面层的定额新基价。

解 1. 计算设计使用的墙面砖与灌缝砂浆用量

1）$100m^2$ 墙面砖净用块数：

$$100m^2/[(0.15m+0.008m)\times(0.075m+0.008m)]=7626\text{ 块}$$

2）$100m^2$ 墙面砖净用面积：$7626\text{ 块}\times0.15m\times0.075m = 85.79m^2$

3）$100m^2$ 墙面砖消耗面积：$85.79m^2\times(1+6.4\%) = 91.28m^2$

4）$100m^2$ 墙面镶贴墙面砖灌缝砂浆净用量：$(100m^2-85.79m^2)\times0.01m=0.1421\ m^3$

5）$100m^2$ 墙面镶贴墙面砖灌缝砂浆消耗量：$0.1421m^3\times(1+1\%+9\%)=0.1563\ m^3$

2. 查找定额给定的墙面砖与灌缝砂浆用量

1）查《计价定额 B》2-77 项知：

"镶贴墙面砖面层"的定额原基价为 15365.37 元/$100m^2$

"镶贴墙面砖面层"的定额灰缝宽度为 10mm

"镶贴墙面砖面层"的定额墙面砖用量为 $88.04m^2/100m^2$

"镶贴墙面砖面层"的定额灌缝砂浆（水泥砂浆 1:1）用量为 $0.22\ m^3/100m^2$

2）查《计价定额 B》附录——材料预算价格表 P791 页的 352 项知："150mm×75mm 墙面砖"预算价格为 135.00 元/m^2。

3）再查《配合比表》13-273 项知："水泥砂浆 1:1"的单价为 262.28 元/ m^3。

3. 计算定额新基价

综合上述两项结果调整后的"贴墙面砖灰缝宽 8mm"的定额新基价为

15365.37 元/$100m^2$ + 135.00 元/m^2 × $(91.28m^2/100m^2-88.04m^2/100m^2)$ + 262.28 元/m^3 × $(0.1563\ m^2/100m^2-0.22\ m^2/100m^2)$ = 15786.06 元/$100m^2$

2.5 建筑装饰工程企业定额

建设工程实行工程量清单计价模式后，施工企业进行自主投标报价的主要依据是反映本企业综合水平的企业定额，因此，企业定额已经越来越为施工企业所重视。如何科学、合理地编制企业定额以及不断充实与完善企业定额，已成为企业管理工作的一项重要内容。

2.5.1 企业定额的概念

企业定额是施工企业根据本企业平均技术等级、企业技术装备能力、企业综合管理水平等因素并依据或参照地区专业消耗量（计价）定额编制的完成一定计量单位的建筑装饰分项工程合格产品所必须消耗的人工、材料、机械台班的数量标准。

企业平均技术等级反映企业生产工人的岗位操作能力及应计取市场劳动报酬的相应标准，也是企业定额中人工费市场价值的体现。

企业技术装备能力反映了企业拥有的施工设备总价值，也是企业实力的体现。企业技术装备能力是企业生产效率的主要影响因素之一。根据企业技术装备能力能够合理计算企业在生产中的机械费用标准，也是企业定额中机械费市场价值的体现。

企业综合管理水平是企业管理工作的效果展现，也是企业与企业之间差距的“测距仪”，根据企业综合管理水平可以计算企业定额的综合费用标准，也是企业定额中企业管理费市场价值的体现。

与任何一种产品生产消耗相同，企业定额应该包括人工消耗定额、材料消耗定额、机械台班消耗定额和企业综合管理费用定额。

2.5.2　企业定额的特点与作用

1. 企业定额的特点

1）企业定额真实地反映了施工企业的综合管理能力和生产消耗水平，这给《建设工程工程量清单计价规范》颁布后施工企业实行自主投标报价、增强施工企业的市场竞争能力、不断扩大企业的占有市场份额提供了最重要的商务报价的依据。

2）建设工程实行工程量清单计价模式以后，招标人基本按照“合理低价中标”的评标定标原则择优确定中标施工企业。“合理低价中标”要求施工企业在编制投标工程报价时不得低于工程的施工成本，如果采用省（自治区、直辖市）消耗量定额作为编制投标工程报价依据，要做到“合理低价”有很大的难度，也确实难以保证。利用企业定额编制的投标工程报价，是企业在工程中标后组织施工的真实市场价值的体现，因此可以保证这个投标工程报价不会低于工程的施工成本。

3）企业定额的编制水平是企业劳动生产率、技术能力、机械装备水平、综合管理能力的综合反映。施工企业通过编制企业定额可以进一步促进企业总体管理水平的提高，从而增强企业市场竞争能力，扩大企业的市场占有份额，使施工企业充满活力。企业综合素质的提高，反过来又会推动企业定额水平的不断提高，形成企业总体发展的良性循环。

4）企业定额应采以本企业的“平均先进水平”的原则进行编制，与省（自治区、直辖市）消耗量定额采取的“社会平均水平”的编制原则相比，企业定额的编制水平要比省（自治区、直辖市）消耗量定额的编制水平高。

5）企业定额反映本企业的平均先进水平，因此只能作为本企业的管理工具或本企业投标报价使用。定额水平不能满足其他企业的实际情况，也不能作为其他企业的通用管理工具。

2. 企业定额的作用

1）企业定额是施工企业在工程量清单计价模式下进行市场竞争，实行自主投标，编制合理投标报价的最重要依据。

2）企业定额是强化企业基础管理工作，进一步提高企业管理水平，增强企业综合素质的重要依据。

3）企业定额不仅是投标报价的依据，而且又是项目经理部编制施工方案，确定项目目标成本，进行项目成本分析与核算的重要依据。

4）企业定额是项目经理部编制生产计划，控制施工进度，实现合同工期目标的重要依据。

5）企业定额是项目经理部签发施工班组任务单，考核班组劳动生产率指标及实行班组限额领料的重要依据。

6）企业定额有利于发展和推广先进技术、先进生产力，为企业持续稳定的发展提供了重要保证。

2.5.3 企业定额的编制

1. 企业定额的编制原则

1）企业定额应采取平均先进的编制水平，即定额水平应该能够反映企业的综合管理水平及技术能力以及企业的设备装备水平，并保证施工班组在操作过程中都能达到或实现定额各项消耗量水平的要求。

2）采取独立自主的原则编制企业定额。在编制企业定额时，应根据本企业的建制配置与管理模式等特点形成本企业的定额模式，或者参考一些为企业所使用并且证明是非常适用的定额项目加以利用，而不要盲目套用或硬性套搬省（自治区、直辖市）消耗量定额项目或其他企业定额的定额项目，使企业定额具有鲜明的企业个性。

3）企业定额在编制时应采取“专家为主、群专结合”的原则。即要保证各项定额数据的采集来自于生产一线而具有广泛的代表性，又要保证企业定额对生产实践过程有直接的指导作用。企业定额的项目设置也应简明适用，不追求版式与花样，而注重适用性、可靠性。

4）企业定额要注意它的阶段性、时效性。随着新技术、新工艺的推广使用以及企业管理水平的不断提高，企业定额也要保证满足这些实际需求，定额工作者要加强基础工作，随时将先进技术与科学手段融入定额项目中。

5）建立和健全企业定额的管理维护与有效运行的保障原则。企业应充分发挥计算机技术在企业管理方面的巨大潜能，把企业定额的编制与维护、工程投标报价、企业技术管理、企业施工生产管理等与计算机信息管理应用系统相结合，保证企业定额的各项数据永远满足市场的需求。

6）企业定额的编制应采取保密的原则。企业定额是企业的一项专利技术，也是企业的财富和资产，从定额原始数据的采集到分析加工直至形成一套完整的企业定额，凝聚了编制人员的辛勤劳动和心血，应该采取保密的原则保护企业创造的财富。

2. 企业定额的编制依据

1）《全国统一建筑装饰装修工程劳动定额》《建设工程工程量清单计价规范》省（自治区、直辖市）建筑装饰工程消耗量（计价）定额、企业所在市（地区）的相关法规与政策等；工程所在市（地区）劳务市场、建筑装饰材料市场、机械设备租赁市场月、季度价格信息等。

2）国家规定的现行建筑装饰工程设计规范、施工规范；现行质量与安全标准及操作规程；建筑装饰工程设计标准图集及其相关的装饰技术资料等。

3）本企业积累的各项有关装饰工程的原始数据及原有统计资料，包括企业原有装饰工程定额数据库、已完成的装饰工程的统计资料、企业历年统计分析资料（包括施工产值统计表、工程质量统计表、安全生产统计表、劳动工资统计表、机械设备统计表、财务成本统计表等）、企业投标资料、企业其他管理资料等。

4）本企业的平均技术等级、企业技术装备能力、企业综合管理费用的测定资料与统计分析资料等。

小　　结

1. 装饰工程定额按使用功能划分为施工定额、消耗量定额和企业定额，施工定额是编制消耗量定额与企业定额的基础定额。学习本章内容时，首先要掌握施工定额的概念、作用、编制依据、编制方法，在此基础上再学习消耗量定额和企业定额的概念、作用、编制依据、编制方法，则异曲同工，相对简单。

2. 消耗量定额与地区估价表是编制招标工程标底和投标工程标价的依据，正确使用消耗量定额与地区估价表的项目是本章重点讲述的内容。

1）消耗量定额与地区估价表的直接使用是当分项装饰工程的实际设计内容与某项定额的工作内容一致（或基本一致）时，可直接套用该项定额及参考价格计算出分项工程的参考直接工程费及分项工程的综合用工量、各种材料用量、各种机械台班用量。

2）消耗量定额与地区估价表的调整或换算使用是当分项装饰工程的实际设计内容与某项定额的工作内容不一致时，可按照该项“定额的调整或换算说明”在允许的范围内对定额及参考价格进行调整或换算，再套取调整或换算后的定额及新的参考价格，正确计算出分项装饰工程的参考直接工程费及分项工程的综合用工量、各种材料用量、各种机械台班用量。

本章主要讲述了常见的四种消耗量定额调整或换算使用形式，其他的调整或换算使用形式将根据教材章节内容的情况进行讲述，这四种定额调整或换算使用形式是：

1）定额混凝土、砂浆配合比单价的换算使用。

2）定额项目增（减）倍数的换算使用。

3）定额某项基价乘以系数的换算使用。

4）墙面镶贴块料定额的块料用量及灌缝砂浆用量的换算使用。

思考题与练习题

2-1　什么是建筑装饰工程施工定额？它有哪些作用？

2-2　什么是建筑装饰工程消耗量定额？它有哪些作用？

2-3　建筑装饰工程消耗量定额的人工消耗量包括哪些因素？如何进行计算？

2-4　什么是建筑装饰工程企业定额？它有哪些作用？

2-5　墙面抹灰的时间定额为0.098工日/m^2，计算产量定额及12人5天应完成的总产量。

2-6　墙面镶贴釉面砖的时间定额为0.278工日/m^2，计算产量定额及214m^2墙面需要的总工日。

2-7　查找本地区建筑装饰工程消耗量定额，确定下列分项工程应套取的定额编号。

1）企口硬木拼花地板铺在单层木楞上。

2）柱面干挂花岗岩。

3）铝塑板天棚面层贴在龙骨下。

4）防火卷帘门制作安装。

5）墙面贴不对花墙纸。

6）挂板式柚木板暖气罩。

2-8　利用本地区建筑装饰工程消耗量定额计算5.60m^2墙面水泥砂浆粘贴白色瓷板（152mm×152mm）的直接工程费及材料用量。

第3章　建筑装饰工程费用与计价程序

学习目标

通过本章的学习，掌握建筑装饰工程类别划分标准、建筑装饰工程费用构成与分项工程费用的组成内容；掌握建筑装饰工程的工料单价法计价程序与综合单价法计价程序；学生应能够熟练使用工料单价法计价程序与综合单价法计价程序进行装饰工程造价的计算。

3.1　建筑装饰工程费用

按照现行施工企业工程成本核算方法以及我国现行的统筹养老保险制度、国家的有关税收政策等的规定，施工企业进行建筑装饰工程施工所应得的收入要分类列支或向有关部门缴纳税费。因此，只有将建筑装饰工程总收入按规定进行费用的正确划分，才能保证企业的成本核算有章可循、企业的管理工作有序进行，才能保证国家的税收政策与统筹养老保险等制度能够真正落到实处。

3.1.1　建筑装饰工程费用构成

根据住房与城乡建设部、财政部建标[2013]44号文件《关于印发<建筑安装工程费用项目组成>的通知》精神，确定建筑装饰工程费用项目由直接费、间接费、利润和税金构成，如图3-1所示。

3.1.2　直接费

直接费由计价定额分部分项工程费和措施项目费组成。

1. 计价定额分部分项工程费

计价定额分部分项工程费由直接工程费和技术措施费构成。

（1）直接工程费　直接工程费是指施工过程中耗费的构成工程实体的各项费用，包括人工费、材料费、施工机械使用费。

1）人工费是指直接从事建筑装饰工程施工的生产工人开支的各项费用，内容包括：

①基本工资：指发放给生产工人的基本工资。

②工资性津贴：指按规定标准发放的物价补贴，煤、燃气补贴，交通补贴，住房补贴，流动施工津贴等。

③生产工人辅助工资：指生产工人年有效施工天数以外非作业天数的工资，包括职工学习、培训期间的工资，调动工作、探亲、休假期间的工资，因气候影响的停工工资，女工哺乳时间的工资，病假在六个月以内的工资及产、婚、丧假期的工资。

④职工福利费：指按财务制度规定计提的职工福利费。

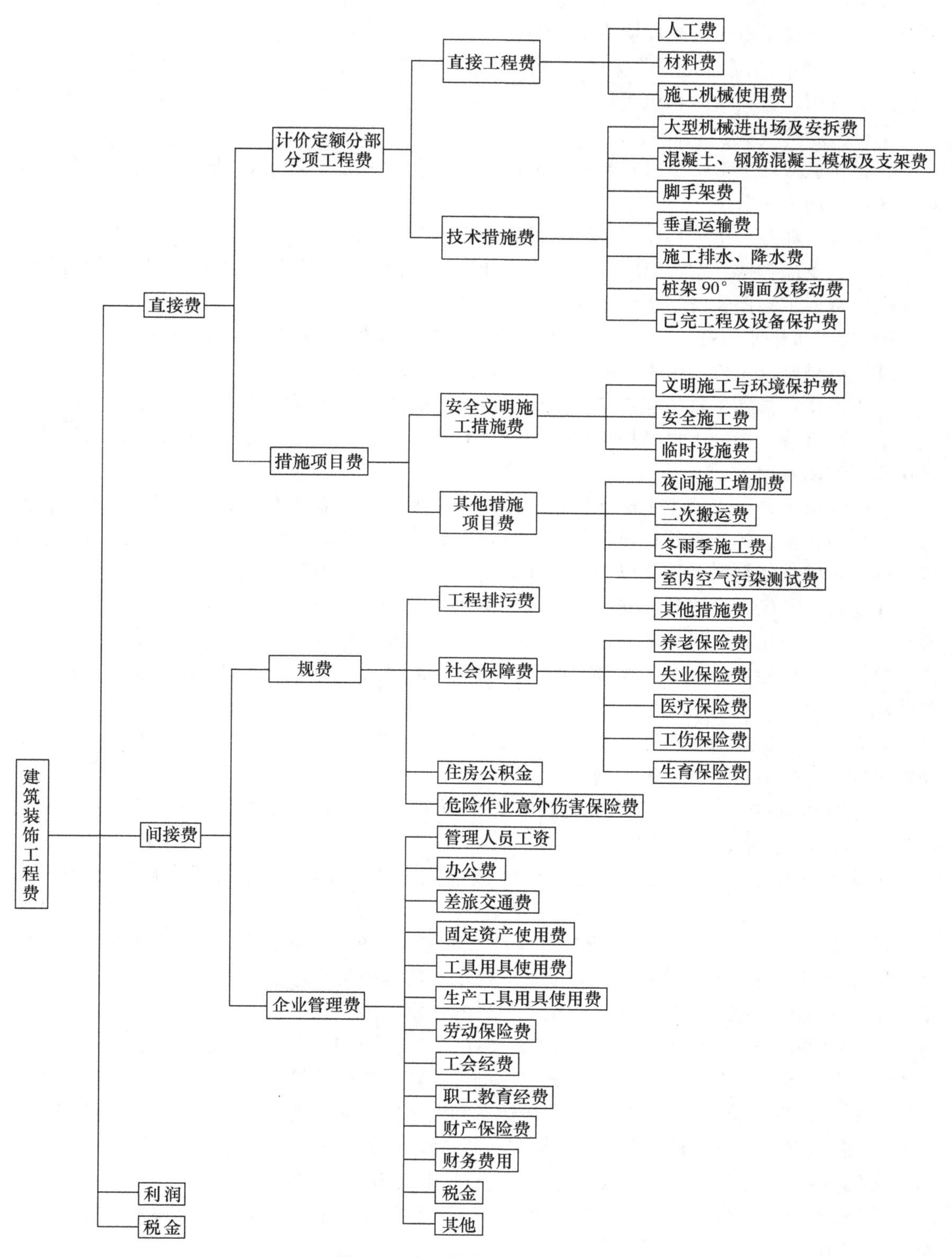

图3-1　建筑装饰工程费用构成

⑤生产工人劳动保护费：按规定标准发放的劳动保护用品的购置费，徒工服装补贴，防暑降温费，在有碍身体健康环境中施工的保健费等。

2）材料费是指施工过程中耗费的构成工程实体的原材料、辅助材料、构配件、零件、半成品的费用。材料费内容包括：

①材料原价（或供应价格）。

②材料运输加工费：指材料自来源地运至工地仓库或指定堆放地点所发生的全部费用及对材料进行加工的费用。

③运输损耗费：指材料在运输装卸过程中不可避免的损耗。

④采购及保管费：指为组织采购、供应和保管材料过程中所需要的各项费用，包括采购费、仓储费、工地保管费、仓储损耗。

3）施工机械使用费：指施工机械作业所发生的机械使用费以及机械安拆费和场外运输费。施工机械台班单价应由下列七项费用组成。

①折旧费：指施工机械在规定的使用年限内，陆续收回其原值及购置资金的时间价值。

②大修理费：指施工机械按规定的大修理间隔台班进行必要的大修理费，以及恢复其正常功能所需的费用。

③经常修理费：指施工机械除大修理以外的各级保养和临时故障排除所需的费用。包括为保障机械正常运转所需替换设备与随机配备工具的摊销和维护费用，机械运转中日常保养所需润滑与擦拭的材料费用及机械停滞期间的维护和保养费用等。

④安拆费及场外运输费：安拆费指施工机械在现场进行安装与拆卸所需的人工、材料、机械和试运转费用以及机械辅助设施的折旧、搭设、拆除等费用；场外运输费指施工机械整体或分体自停放地点运至施工现场或由一施工地点运至另一施工地点的运输、装卸、辅助材料费用。

⑤人工费：指机上司机（司炉）和其他操作人员的工作日人工费及上述人员在施工机械规定的年工作台班以外的人工费。

⑥燃料动力费：指施工机械在运转作业中所消耗的固体原料（煤、木柴）、液体燃料（汽油、柴油）及水、电等费用。

⑦管理费及车船使用税：指施工机械按照国家规定和有关部门规定应缴纳的管理费。

（2）技术措施费　技术措施费是指计价定额中规定的，在施工过程中耗费的非工程实体的措施项目及可以计量的补充措施项目的费用。技术措施费包括完成工程项目施工，发生于该工程施工前和施工过程中非工程实体项目的费用。内容包括：

1）大型机械进出场及安拆费：指机械整体或分体自停放场地运至施工现场或一个施工地点运至另一个施工地点所发生的机械进出场运输转移费用及机械在施工现场的安装、拆卸所发生的人工费、材料费、机械费、试运转费和安装所需的辅助设施费用及架线等费用。

2）混凝土、钢筋混凝土模板及支架费：指混凝土施工过程中需要的各种钢模板、木模板、支架等的支、拆、运输费用及模板、支架摊销（或租赁）费用。

3）脚手架费：指施工过程中需要的各种脚手架的搭、拆、运输费用及脚手架摊销（或租赁）费用。

4）垂直运输费。

5）施工排水、降水费：指为确保工程在正常条件下施工，采取的各种排水、降水措施所发生的各种费用。

6）桩架90°调面及移动费。

7）已完工程及设备保护费：指竣工验收前，对已完工程及设备进行保护所需的费用。

2. 措施项目费

措施项目费是指施工过程中发生的不可计量的非工程实体项目的费用。内容包括：

（1）安全文明施工措施费

1）文明施工与环境保护费：指施工现场设立的安全警示标志、现场围挡、五板一图、企业标志、场容场貌、材料堆放、现场防火等所需要的各项费用。

2）安全施工费：指施工现场通道防护、预留洞口防护、电梯井口防护、楼梯边防护等安全施工所需要的各项费用。

3）临时设施费：指施工企业为进行建筑工程施工所必须搭设的生活和生产用的临时建筑物、构筑物和其他临时设施费用等。

临时设施包括临时宿舍，文化福利及公用事业房屋与构筑物，仓库、办公室、加工厂以及规定范围内道路、水、电、管线等临时设施。临时设施费包括临时设施的搭设、维修、拆除费或摊销费。

（2）其他措施项目费

1）夜间施工增加费：指因夜间施工所发生的夜班补助费、夜间施工降效、夜间施工照明设备摊销及照明用电费用。

2）二次搬运费：指因施工场地狭小等特殊情况而发生的二次搬运费用。

3）冬雨期施工费：冬期施工或雨期施工时效率降低应补贴的费用。冬期施工费指连续三天气温在5℃以下环境中施工所发生的费用，包括人工机械降效、除雪、水砂石加热、混凝土保温发生的费用。雨期施工费指雨天人工机械降效、防汛措施、工作面排雨水等发生的费用。

4）室内空气污染测试费：指测试并清除室内装饰材料产生的有害、有毒气体发生的费用。

5）其他措施费：建筑装饰专业工程施工时发生的其他措施费用。

3.1.3 间接费

间接费由规费和企业管理费组成。

1. 规费

规费是指按照政府和有关权力部门规定的必须缴纳的费用，内容包括：

（1）工程排污费：指施工现场按规定缴纳的工程排污费。

（2）社会保障费：指政府部门和社会保险单位为施工企业职工提供养老保险、医疗保险等保障所发生的费用。内容包括：

1）养老保险费：指企业按规定标准为职工缴纳的基本养老保险费。

2）失业保险费：指企业按规定标准为职工缴纳的失业保险费。

3）医疗保险费：指企业按规定标准为职工缴纳的基本医疗保险费。

4）工伤保险费：指企业按规定标准为职工缴纳的工伤保险费。

5）生育保险费：指企业按规定标准为职工缴纳的女职工生育保险费。

（3）住房公积金：指企业按规定标准为职工缴纳的住房公积金。

（4）危险作业意外伤害保险费：指按照《中华人民共和国建筑法》规定，企业为从事危险作业的建筑安装施工人员支付的意外伤害保险费。

2. 企业管理费

企业管理费是指建筑安装企业组织施工生产和经营管理所需的费用。内容包括：

1）管理人员工资：指管理人员的基本工资、工资性津贴、职工福利费、劳动保护费等。

2）办公费：指企业管理办公用的文具、纸张、账本、印刷、邮电、书报、会议、水电和集体取暖（包括现场临时宿舍取暖）用煤等费用。

3）差旅交通费：指职工因公出差、调动工作的差旅交通费、住勤补助费、市内交通费和误餐补助费、职工探亲路费、劳动力招募费、离退休与退职职工一次性路费、工伤人员就医路费、工地转移费以及管理部门使用车辆的油料、燃料、年检费及牌照费。

4）固定资产使用费：指企业管理部门和试验单位及所属生产单位使用的属于固定资产的房屋、设备、仪器等的折旧、大修、维修或租赁等费用。

5）工具用具使用费：指施工企业管理部门使用的不属于固定资产的工具、器具、家具、交通工具和试验、检验、测绘、消防用具等的购置、维修和摊销费。

6）生产工具用具使用费：指施工机械原值在2000元以下、使用年限在2年内的不构成固定资产的低值易耗机械、生产工具及检验用具等的购置、摊销和维修费以及支付给工人自备工具补贴费。

7）劳动保险费：指由企业支付的离退休职工的异地安家补助费、职工退休金、长病6个月以上人员的工资、职工死亡丧葬补助费、抚恤费、按规定支付给离休干部的各项费用。

8）工会经费：指企业按国家规定按职工工资总额计提的工会经费。

9）职工教育经费：指企业为职工学习先进技术和提高职工文化水平，按职工工资总额计提的职工教育经费。

10）财产保险费：指企业管理财产、车辆等支付的保险费用。

11）财务费用：指企业为筹集资金而发生的各项费用。

12）税金：指企业按规定缴纳的房产税、车船使用税、土地使用税、印花税等。

13）其他：包括技术转让费、技术开发费、业务招待费、绿化费、广告费、公证费、法律顾问费、审计费、咨询费等。

3.1.4 利润

利润是按国家规定计取的建筑装饰施工企业完成所承包的装饰工程应获得的行业利润指标，即施工企业应获得的盈利。

3.1.5 税金

税金是指按照国家税法规定的应计入建筑装饰工程造价内的营业税、城市建设维护税及教育费附加三项内容。

3.2 建筑装饰工程计价程序

建筑装饰工程要按照工程规模的不同进行类别的划分，不同类别的装饰工程应该按照省（自治区、直辖市）、市（地区）两级工程造价管理部门制定的取费标准（或称取费系数）并按规定的计价程序进行计价。

建筑装饰工程在计算工程造价时主要采取两种计价取费程序，一是工料单价法（传统的定额计价法）计价取费程序，二是综合单价法（工程量清单计价法）计价取费程序。

3.2.1 建设工程类别的划分标准

建设工程（包括一般工业与民用建筑工程、管道与机电设备安装工程、市政工程等）均应按照各自建设规模的不同，依次划分为一类工程、二类工程、三类工程、四类工程，这四类工程的划分标准详见表3-1的规定。

表3-1 建设工程类别划分标准

类别	划分标准	说明
一	1. 单层厂房15000m^{2}以上 2. 多层厂房20000m^{2}以上 3. 民用建筑25000m^{2}以上 4. 机电设备安装工程费（不含设备）1500万元以上 5. 市政公用工程费（不含设备）3000万元以上	单层厂房跨度超过30m或高度超过18m、多层厂房跨度超过24m、民用建筑檐高超过100m、机电设备安装单体设备重量超过80t、市政工程的隧道及长度超过80m的桥梁工程可参考二类工程费率
二	1. 单层厂房10000m^{2}以上、15000m^{2}以下 2. 多层厂房15000m^{2}以上、20000m^{2}以下 3. 民用建筑18000m^{2}以上、25000m^{2}以下 4. 机电设备安装工程费（不含设备）1000万元以上、1500万元以下 5. 市政公用工程费（不含设备）2000万元以上、3000万元以下	单层厂房跨度超过24m或高度超过15m、多层厂房跨度超过18m、民用建筑檐高超过80m、机电设备安装单体设备重量超过50t、市政工程的隧道及长度超过50m的桥梁工程可参考三类工程费率
三	1. 单层厂房5000m^{2}以上、10000m^{2}以下 2. 多层厂房8000m^{2}以上、15000m^{2}以下 3. 民用建筑10000m^{2}以上、18000m^{2}以下 4. 机电设备安装工程费（不含设备）500万元以上、1000万元以下 5. 市政公用工程费（不含设备）1000万元以上、2000万元以下	单层厂房跨度超过18m或高度超过10m、多层厂房跨度超过15m、民用建筑檐高超过50m、机电设备安装单体设备质量超过30t、市政工程的隧道及长度超过30m的桥梁工程可参考四类工程费率
四	1. 单层厂房5000m^{2}以下 2. 多层厂房8000m^{2}以下 3. 民用建筑10000m^{2}以下 4. 机电设备安装工程费（不含设备）500万元以下 5. 市政公用工程费（不含设备）1000万元以下	

3.2.2 建筑装饰工程类别的划分与取费标准

建筑装饰工程也应该按照各自工程规模的不同划分为四个类别，这四个类别的划分原则是：建筑装饰工程的类别界定标准与其所装饰的一般工业与民用建筑工程的类别标准一致。

建筑装饰工程的取费标准（或称取费系数）应根据单项费用的性质由省级（自治区、直辖市）工程造价管理部门和市级（地区）工程造价管理部门分别确定，两级造价管理部门的常见权限分工如下：

1）省(自治区、直辖市)工程造价管理部门统一确定的装饰工程费用种类和费率见表3-2。

2）市（地区）工程造价管理部门统一确定的装饰工程费用种类和费率见表3-3。

表3-2 ××省建筑装饰工程费率表 （单位:%）

取费基数	人工费+机械费			
工程类别	一	二	三	四
1. 安全文明施工措施费	9.90	10.70	11.90	12.50
2. 企业管理费	7.7	9.10	11.20	12.25
3. 利润	9.90	11.70	14.40	15.75
4. 冬雨期施工费	7%（其中冬期施工：6%；雨期施工：1%。）			
5. 夜间施工增加费	夜间施工：18元/工日；白天照明：13元/工日			

表3-3 ××省××市建筑装饰工程费率表

项目		计费基数	费率
1. 规费	1）工程排污费	人工费+机械费	0.80%
	2）社会保障费		26.19%
	3）住房公积金		8.18%
	4）危险作业意外伤害保险	建筑面积（能计算建筑面积）	1.50元/m^2
		以上合计（不能计算建筑面积）	0.15%
2. 税金	1）市区	不含税金的工程造价	3.477%
	2）县区		3.413%
	3）镇乡		3.284%

3.2.3 工料单价法计价程序

建筑装饰工程的工料单价法计价程序见表3-4。

表3-4 ××省××市建筑装饰工程工料单价法计价程序表

序号	费用项目	计算方法
1	直接费	1.1+1.2
1.1	计价定额分部分项工程费	1.1.1 +1.1.2+1.1.3
A	（其中：人工费+机械费）	按定额
1.1.1	直接工程费	Σ（分项工程量×定额基价）
1.1.2	技术措施项目费	Σ（技术措施分项工程量×定额基价）
1.1.3	材料价差	Σ［某种材料单位工程用量×（该材料市场价格－该材料预算价格）］
1.2	措施项目费	1.2.1+1.2.2
1.2.1	安全文明施工措施费	A×规定费率

（续）

序号	费用项目	计算方法
1.2.2	其他措施项目费	1.2.2.1 + 1.2.2.2 + 1.2.2.3 + 1.2.2.4
1.2.2.1	夜间施工增加费	按规定计算
1.2.2.2	二次搬运费	按施工组织设计或签证计算
1.2.2.3	冬雨期施工费	A × 规定费率
1.2.2.4	其他措施项目	按施工组织设计规定计算
2	企业管理费	A × 规定费率
3	利润	A × 规定费率
4	小计	1 + 2 + 3
5	规费	5.1 + 5.2 + 5.3 + 5.4
5.1	工程排污费	A × 规定费率
5.2	社会保障费	A × 规定费率
5.3	住房公积金	A × 规定费率
5.4	危险作业意外伤害保险	按规定计算
6	合计（不含税工程造价）	4 + 5
7	税金	6 × 规定税率
8	含税工程造价	6 + 7

【例3-1】 ××县区住宅工程（二类工程，建筑面积为4320m^2）的全部工程由某施工企业承包，按工料单价法计算该住宅装饰工程的预算造价，工程的分项费用构成假设如下：

1）直接工程费：1750000元，其中人工费160000元，机械费157500元。

2）技术措施项目费：68000元，其中人工费6000元，机械费5440元。

3）其他各项费用省、市文件有规定系数的执行相应规定，文件无规定系数的可不计算。

解 按表3-2、表3-3的规定及表3-4的计价程序将工料单价法计算结果列表，见表3-5。

表3-5 ××县区住宅装饰工程（二类）工料单价法计价程序表

序号	费用项目	计算公式	金额/元
1	直接费	1818000.00 + 58222.38	1876222.38
1.1	计价定额分部分项工程费	1750000.00 + 68000.00	1818000.00
A	（其中：人工费 + 机械费）	160000.00 + 157500.00 + 6000.00 + 5440.00	328940.00
1.1.1	直接工程费	Σ（分项工程量 × 定额基价）	1750000.00
1.1.2	技术措施项目费	Σ（技术措施分项工程量 × 定额基价）	68000.00
1.1.3	材料价差（略）		
1.2	措施项目费	35196.58 + 23025.80	58222.38
1.2.1	安全文明施工措施费	328940.00 × 10.70%	35196.58

（续）

序号	费用项目	计算公式	金额/元
1.2.2	其他措施项目费	1.2.2.1+1.2.2.2+1.2.2.3	23025.80
1.2.2.1	冬雨期施工费	328940.00×7%	23025.80
2	企业管理费	328940.00×9.10%	29933.54
3	利润	328940.00×11.70%	38485.98
4	小计	1876222.38+29933.54 +38485.98	1944641.90
5	规费	2631.52+86149.39+26907.29+6480.00	122168.20
5.1	工程排污费	328940.00×0.80%	2631.52
5.2	社会保障费	328940.00×26.19%	86149.39
5.3	住房公积金	328940.00×8.18%	26907.29
5.4	危险作业意外伤害保险	4320.00×1.50	6480.00
6	合计（不含税工程造价）	1944641.90+122168.20	2066810.10
7	税金	2066810.10×3.413%	70540.23
8	含税工程造价	2066810.10+70540.23	2137350.33

3.2.4 综合单价法计价程序

建筑装饰工程的综合单价法计价程序见表3-6。

表3-6 ××省××市综合单价法计价程序表

序号	费用项目	计算公式
1	分部分项工程费	Σ（分部分项清单工程量×综合单价）
1.1	其中：人工费+机械费	按定额
2	措施项目清单费	2.1+2.2
2.1	单价措施项目费	Σ（单价措施工程量×综合单价）
2.1.1	其中：人工费+机械费	按定额
2.2	总价措施项目费	2.2.1+2.2.2+2.2.3+2.2.4
2.2.1	安全文明施工措施费	（1.1+2.1.1）×规定费率
2.2.2	夜间施工增加费	按规定计算
2.2.3	二次搬运费	按施工组织设计或签证计算
2.2.4	冬雨期施工费	（1.1+2.1.1）×规定费率
2.2.5	其他措施项目	按施工组织设计规定计算
3	其他项目清单费	3.1+3.2+3.3+3.4
3.1	暂估价	按招标文件规定计算
3.2	暂列金额	按招标文件规定计算
3.3	计日工	按招标文件规定计算
3.4	总承包服务费	按招标文件规定计算

（续）

序号	费用项目	计算公式
4	规费	4.1+4.2+4.3+4.4
4.1	社会保障费	(1.1+2.1.1) ×规定费率
4.2	住房公积金	(1.1+2.1.1) ×规定费率
4.3	工程排污费	(1.1+2.1.1) ×规定费率
4.4	危险作业意外伤害保险	按规定计算
5	合计（不含税工程造价）	1+2+3+4
6	税金	5×规定税率
7	含税工程造价	5+6

【例3-2】 计算××市区某单独装饰工程（二类，面积为780m^2）的工程量清单投标总价，工程的分项投标费用构成假设如下：

1）分部分项工程费654000元，其中人工费64000元，机械费54400元。

2）单价措施项目费32000元，其中人工费3200元，机械费2720元。

3）其他各项费用省、市文件规定了系数的执行相应系数，无系数规定的可不计算。

解 按表3-2、表3-3的规定及表3-6的计价程序将工程量清单计价结果列表，见表3-7。

表3-7 某单独装饰工程（二类）的工程量清单计价程序表

序号	费用项目	计算公式	金额/元
1	分部分项工程费	Σ（分部分项清单工程量×综合单价）	654000.00
1.1	其中：人工费+机械费	64000.00+54400.00	118400.00
2	措施项目清单费	32000.00+22004.64	54004.64
2.1	单价措施项目费	Σ（单价措施工程量×综合单价）	32000.00
2.1.1	其中：人工费+机械费	3200.00+2720.00	5920.00
2.2	总价措施项目费	13302.24+8702.40	22004.64
2.2.1	安全文明施工措施费	(1.1+2.1.1)×10.70%	13302.24
2.2.2	夜间施工增加费	按规定计算	
2.2.3	二次搬运费	按施工组织设计或签证计算	
2.2.4	冬雨期施工费	(1.1+2.1.1)×7%	8702.40
2.2.5	其他措施项目	按施工组织设计规定计算	
3	其他项目清单费	3.1+3.2+3.3+3.4	
3.1	暂估价	按招标文件规定计算	
3.2	暂列金额	按招标文件规定计算	
3.3	计日工	按招标文件规定计算	
3.4	总承包服务费	按招标文件规定计算	
4	规费	994.56+32559.41+10169.38+1170.00	44893.35

（续）

序号	费用项目	计算公式	金额/元
4.1	社会保障费	（1.1+2.1.1）×26.19%	32559.41
4.2	住房公积金	（1.1+2.1.1）×8.18%	10169.38
4.3	工程排污费	（1.1+2.1.1）×0.8%	994.56
4.4	危险作业意外伤害保险	780×1.50	1170.00
5	合计（不含税工程造价）	654000.00+54004.64+44893.35	752897.99
6	税金	752897.99×3.477%	26178.26
7	含税工程造价	752897.99+26178.26	779076.25

小　　结

1. 建筑装饰工程造价由直接费、间接费、利润和税金四项费用构成。直接费是建筑装饰工程的实体建造费用及为实体的建造而直接消耗在施工过程中的非实体费用；间接费是施工企业为组织工程施工和企业经营管理所发生的费用以及按照政府和有关权力部门规定必须缴纳的费用；利润是国家规定的施工企业可获得的行业利润；税金是按国家现行税法规定的应计入建筑装饰工程造价内的营业税、城市维护建设税及教育费附加三项内容。

2. 建筑装饰工程应按照四种类别计算相应工程造价，建筑装饰工程的分类与其所要装饰的建筑工程的分类一致。建筑装饰工程费用标准由省（自治区、直辖市）与市（地区）两级工程造价管理部门进行管理。

3. 建筑装饰工程的计价取费程序有两种：

1）工料单价法计价程序（传统定额计价程序）。

2）综合单价法计价程序（工程量清单计价程序）。

思考题与练习题

3-1　建筑装饰工程的取费系数如何分级管理？

3-2　简述规费的概念。规费由哪几项费用组成？

3-3　简述社会保障费的含义。它共由哪几项费用组成？

3-4　按表3-2、表3-3、表3-4中的取费系数计算某装饰工程（四类工程，建筑面积为486m²）的定额计价总额，工程的分项费用构成假设如下：

1）直接工程费184000元，其中人工费30000元，机械费25500元。

2）技术措施项目费34000元，其中人工费3200元，机械费2720元。

3）其他各项费用表中规定了系数的执行相应系数，若无系数规定的可不计算。

3-5　按表3-2、表3-3、表3-6的取费系数计算某装饰工程（四类工程，建筑面积为368m²）的工程量清单投标总价，工程的分项投标费用构成假设如下：

1）分部分项工程费324000元，其中人工费30000元，机械费24000元。

2）单价措施项目费43000元，其中人工费4300元，机械费36500元。

3）其他各项费用表中规定了系数的执行相应系数，若无系数规定的可不计算。

第 4 章　建筑装饰工程分项工程量计算规则与消耗量（计价）定额的使用

学习目标

通过本章的学习，了解建筑装饰工程量的概念、工程量的计算原则；掌握建筑面积的计算规则；掌握楼地面工程，墙柱面工程，天棚工程，门窗工程，油漆、涂料、裱糊工程，其他装饰工程工程量的计算规则与定额的使用方法；理解教材中工程量的计算实例与定额的使用实例；掌握超高装饰工程降效补贴费用的计算方法；掌握技术措施项目工程量的计算规则与定额的使用方法；理解措施项目工程量的计算实例与定额的使用实例。

4.1　建筑装饰工程分项工程量计算原则

消耗量（计价）定额是按照分项工程测定人工消耗量、材料消耗量、机械台班消耗量的指标，因此，正确计算分项工程量是准确计算工程造价的基本保证。

4.1.1　工程量的概念

工程量是以物理计量单位（如长度的单位 m、面积的单位 m^2、体积的单位 m^3、质量的单位 t、计数的单位个或套、组、台、座等）来反映或体现建筑装饰工程分项工程或建筑构件的实物数量。工程量是反映建筑装饰工程工程内容的重要指标。

4.1.2　工程量的计算原则

1. 工程量的计算项目必须与现行消耗量（计价）定额的项目规定一致

计算工程量时，只有当所列的分项工程项目与现行消耗量（计价）定额中分项工程项目规定一致时，才能正确使用消耗量（计价）定额的各项指标。尤其是消耗量（计价）定额子目中综合了其他分项工程时，更要特别注意所列分项工程的内容是否与选用消耗量（计价）定额项目所综合的内容一致。

2. 注意工程量的计量单位必须与现行消耗量（计价）定额的计量单位一致

现行消耗量（计价）定额中各分项工程的计量单位并非是单一的，有的是 m^3，有的是 m^2，还有的是 m、t 和个、套、组等。所以，计算工程量时，所选用的计量单位应与之相同。此外，套用消耗量（计价）定额时，还应该注意消耗量（计价）定额的计量单位是否以扩大单位形式出现，如“$10m^3$”“$100m^2$”“100m”等形式的扩大计量单位。

3. 工程量计算规则必须与现行消耗量（计价）定额规定的计算规则一致

计算分项工程量应严格按照现行消耗量（计价）定额各章节中规定的相应规则计算。如消耗量（计价）定额规定楼梯块料面层按水平投影面积计算、外墙抹灰面积按垂直投影面积计算等都是消耗量（计价）定额规定的计算规则。

4. 工程量计算必须严格按照施工图样进行计算

计算工程量时必须严格按照施工图样的设计规定进行计算，不得重算、漏算和抬高构造的等级。这样才能确保计算数据准确，工程量的项目齐全。

5. 工程量的计算精度要统一

建筑装饰工程的施工图样除标高尺寸以“m”为单位标注外，其他尺寸均是以“mm”为单位标注。计算工程量时，所有尺寸都要先转换为“m”后才能进行计算。各数据在工程量中间计算过程一般保留三位小数，工程量计算结果通常保留两位小数。

4.2 建筑面积计算规范及实例

住房和城乡建设部以第269号令颁发的《建筑工程建筑面积计算规范》(GB/T 50353—2013)已于2014年7月1日起开始实行，它是全国统一计算工业与民用建筑工程建筑面积的新规范。

4.2.1 建筑面积的概念及有关术语

1. 建筑面积的概念

建筑面积是指房屋建筑中各层外围水平投影面积的总和。计算范围有：

1）房间使用面积：包括生产、生活、工作使用的面积。

2）交通面积：包括楼梯间、电梯、走道间等面积。

3）结构面积：通风道、室外楼梯等面积。

2. 建筑面积的作用

建筑面积在建筑装饰工程造价管理方面起着非常重要的作用，它是房屋建筑计算工程量的主要指标，是计算单位工程每平方米工程造价的主要依据，也是统计部门汇总发布房屋建筑面积完成情况的基础。

3. 建筑面积的有关术语

1）层高：上下两层楼面或楼面与地面之间的垂直距离。

2）自然层：按楼板、地板结构分层的楼层。

3）架空层：建筑物深基础或坡地建筑吊脚架空部位不回填土石方形成的建筑空间。

4）走廊：建筑物的水平交通空间。

5）挑廊：挑出建筑物外墙的水平交通空间。

6）檐廊：设置在建筑物底层出檐下的水平交通空间。

7）回廊：在建筑物门厅、大厅内设置在二层或二层以上的回形走廊。

8）门斗：在建筑物出入口设置的起分隔、挡风、御寒等作用的建筑过渡空间。

9）建筑物通道：为道路穿过建筑物而设置的建筑空间。

10）架空走廊：建筑物与建筑物之间，在二层或二层以上专门为水平交通设置的走廊。

11）勒脚：建筑物的外墙与室外地面或散水接触部位墙体的加厚部分。

12）围护结构：围合建筑物空间四周的墙体、门、窗等。

13）围护性幕墙：直接作为外墙起围护作用的幕墙。

14）装饰性幕墙：设置在建筑物墙体外起装饰作用的幕墙。

15）落地橱窗：突出外墙面根基落地的橱窗。

16）阳台：供使用者进行活动和晾晒衣物的建筑空间。

17）眺望间：设置在建筑物顶层或挑出房间的供人们远眺或观察周围情况的建筑空间。

18）雨篷：设置在建筑物进出口上部的遮雨、遮阳篷。

19）地下室：房间地平面低于室外地平面的高度超过该房间净高的1/2者为地下室。

20）半地下室：房间地平面低于室外地平面高度超过该房间净高的1/3，且不超过1/2者为半地下室。

21）变形缝：伸缩缝（温度缝）、沉降缝和抗震缝的总称。

22）永久性顶盖：经规划批准设计的永久使用的顶盖。

23）飘窗：为房间采光和美化造型而设置的突出外墙的窗。

24）骑楼：楼层部分跨在人行道上的临街楼房。

25）过街楼：有道路穿过建筑空间的楼房。

4.2.2　计算建筑面积的规定及实例

1. 计算建筑面积的规定

1）单层建筑物的建筑面积，应按其外墙勒脚以上结构外围水平面积计算，并规定如下：

①单层建筑物高度在2.20m及以上者应计算全面积；高度不足2.20m者应计算1/2面积。

②利用坡屋顶内空间时，顶板下表面至楼面的净高超过2.10m的部位应计算全面积；净高在1.20m至2.10m的部位应计算1/2面积；净高不足1.20m的部位不应计算面积。

2）单层建筑物内设有局部楼层者，局部楼层的二层及以上楼层，有围护结构的应按其围护结构外围水平面积计算，无围护结构的应按其结构底板水平面积计算。层高在2.20m及以上者应计算全面积；层高不足2.20m者应计算1/2面积。

如图4-1所示，建筑物的建筑面积应为：

①$H \geqslant 2.2$m时，建筑面积$=L \times S + a \times b$。

②$H < 2.2$m时，建筑面积$=L \times S + (a \times b)/2$。

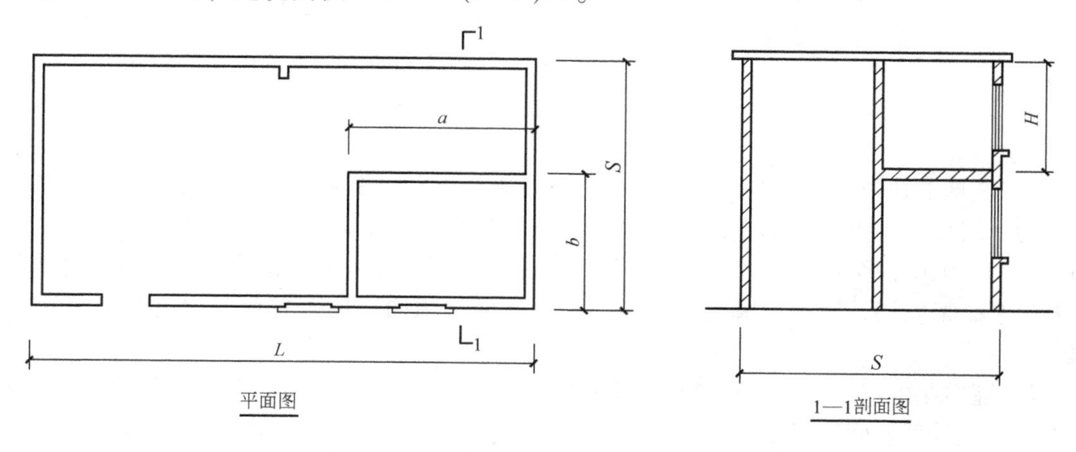

图4-1　单层建筑物内有局部楼层示意图

3）多层建筑物首层应按其外墙勒脚以上结构外围水平面积计算；二层及以上楼层应按其外墙结构外围水平面积计算。层高在2.20m及以上者应计算全面积；层高不足2.20m者应计算1/2面积。

如图4-2所示，多层建筑物内局部有技术层的建筑面积计算规定为：

①当$H \geqslant 2.2$m时，计算技术层的全面积。

②当$H < 2.2$m时，计算技术层的1/2面积。

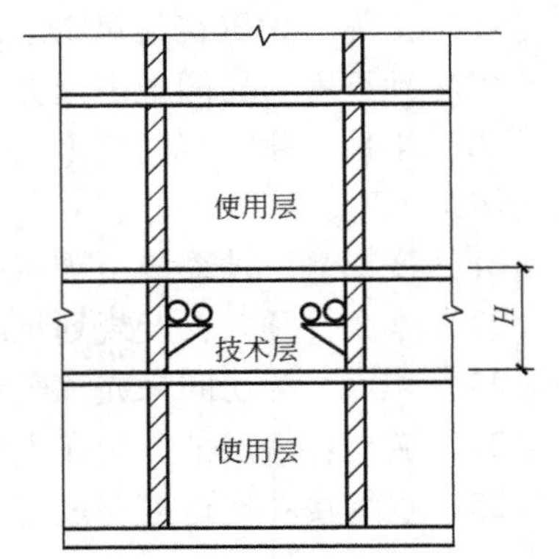

图4-2 多层建筑物内局部有技术层示意图

4）多层建筑坡屋顶内和场馆看台下，当设计加以利用时净高超过2.10m的部位应计算全面积；净高在1.20m至2.10m的部位应计算1/2面积；当设计不利用或室内净高不足1.20m时不应计算面积。

5）地下室、半地下室（车间、商店、车站、车库、仓库等），包括相应的有永久性顶盖的出入口，应按其外墙上口（不包括采光井、外墙防潮层及其保护墙）外边线所围水平面积计算。层高在2.20m及以上者应计算全面积；层高不足2.20m者应计算1/2面积。

如图4-3所示，地下室的建筑面积应为：

①当地下室高度≥2.2m时，建筑面积为：$a_1 \times b_1 + a_2 \times b_2 + a_3 \times b_3$。

②当地下室高度<2.2m时，建筑面积为：$(a_1 \times b_1 + a_2 \times b_2 + a_3 \times b_3)/2$。

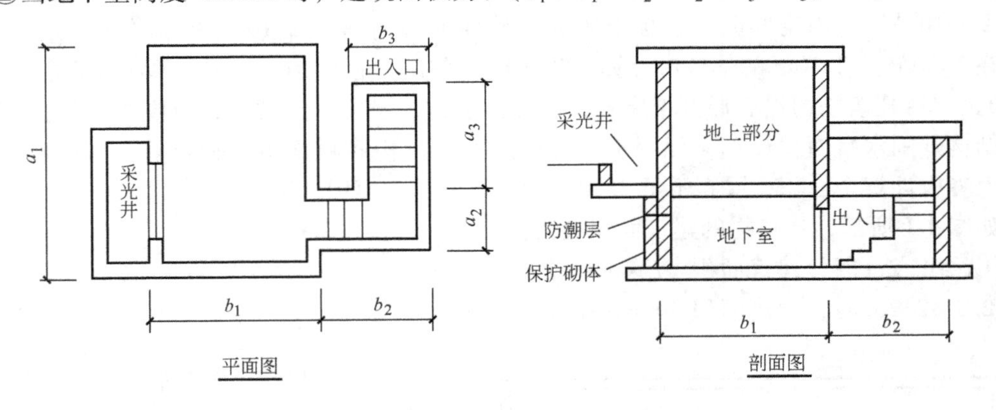

图4-3 地下室出入口示意图

6）坡地的建筑吊脚架空层（图4-4）、深基础架空层（图4-5），设计加以利用并有围护结构的，层高在2.20m及以上的应计算全面积；层高不足2.20m的应计算1/2面积。设计加以利用、无围护结构的建筑吊脚架空层，应按其利用部位水平面积的1/2计算；设计不利用的深基础架空层、坡地吊脚架空层、多层建筑坡屋顶内、场馆看台下的空间不应计算面积。

7）建筑物的门厅、大厅按一层计算建筑面积。门厅、大厅内设有回廊时，按其结构底板水平面积计算。回廊层高在2.20m及以上者计算全面积；层高不足2.20m者计算1/2面积。

如图4-6所示，某建筑物的大厅回廊建筑面积应为：

①当 $H \geq 2.2$m 时，建筑面积 $= [2L \times a + 2(m - 2a) \times b] \times$ 层数。

②当 $H < 2.2$m 时，建筑面积 $= [2L \times a + 2(m - 2a) \times b]/2 \times$ 层数。

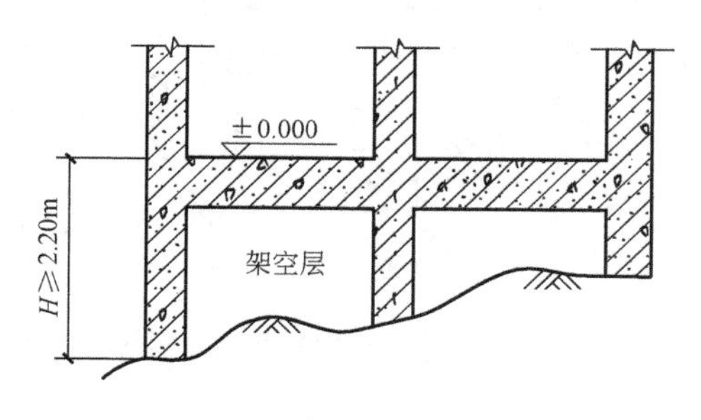

图4-4　坡地吊脚架空层

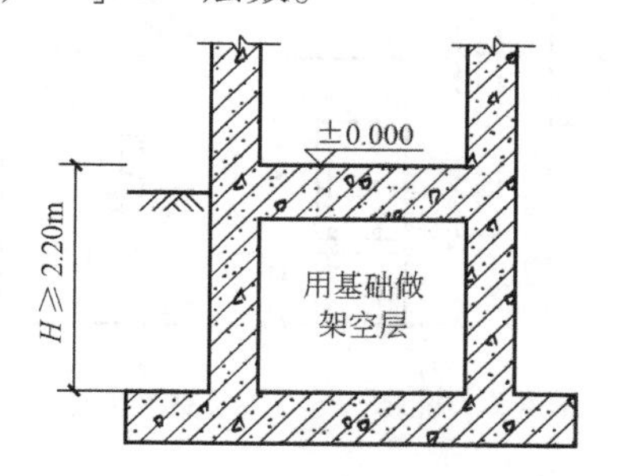

图4-5　深基础架空层

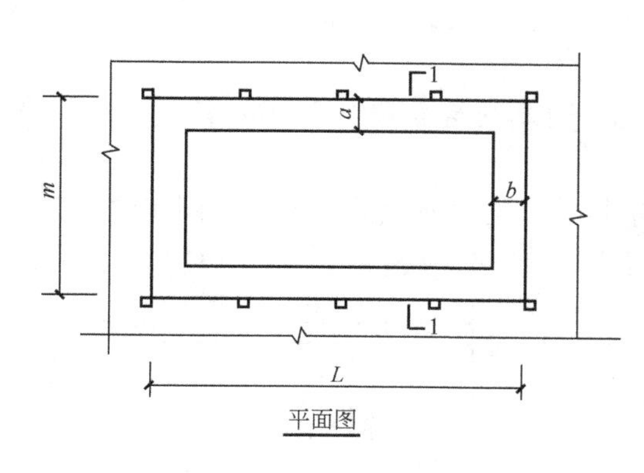

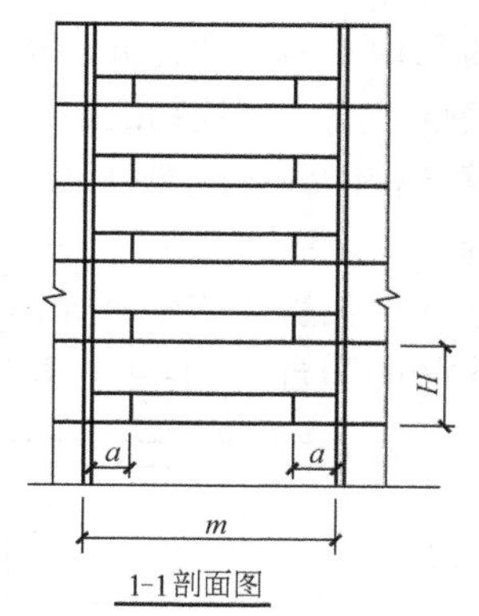

图4-6　某建筑物大厅回廊示意图

8）建筑物间有围护结构的架空走廊，应按其围护结构外围水平面积计算，层高在2.20m及以上者应计算全面积；层高不足2.20m者应计算1/2面积。有永久性顶盖无围护结构的应按其结构底板水平面积的1/2计算。

9）立体书库、立体仓库、立体车库，无结构层的应按一层计算，有结构层的应按其结构层面积分别计算。层高在2.20m及以上者计算全面积；层高不足2.20m者应计算1/2面积。

10）有围护结构的舞台灯光控制室，应按其围护结构外围水平面积计算。层高在2.20m及以上者应计算全面积；层高不足2.20m者应计算1/2面积。

11）建筑物外有围护结构的落地橱窗、门斗、挑廊、走廊、檐廊（图4-7），应按其围护结构外围水平面积计算。层高在2.20m及以上者应计算全面积；层高不足2.20m者应计算1/2面积。有永久性顶盖无围护结构的应按其结构底板水平面积的1/2计算。但穿过建筑物的通道（图4-8）不计算建筑面积。

12）有永久性顶盖无围护结构的场馆看台应按其顶盖水平投影面积的1/2计算。

13）建筑物顶部有围护结构的楼梯间、水箱间、电梯机房等，层高在2.20m及以上者应计算全面积；层高不足2.20m者应计算1/2面积。

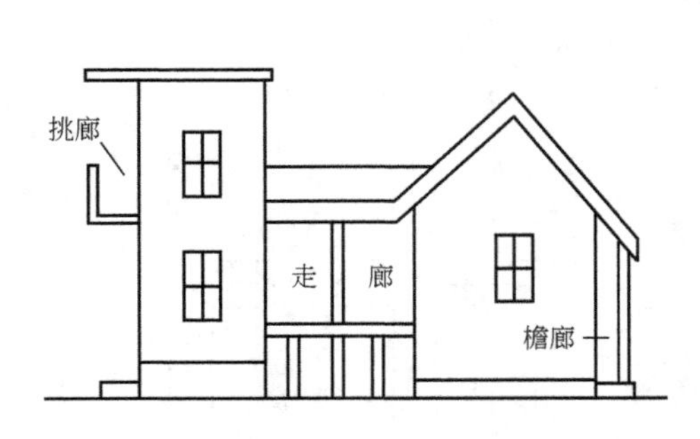

图 4-7 挑廊、走廊、檐廊示意图

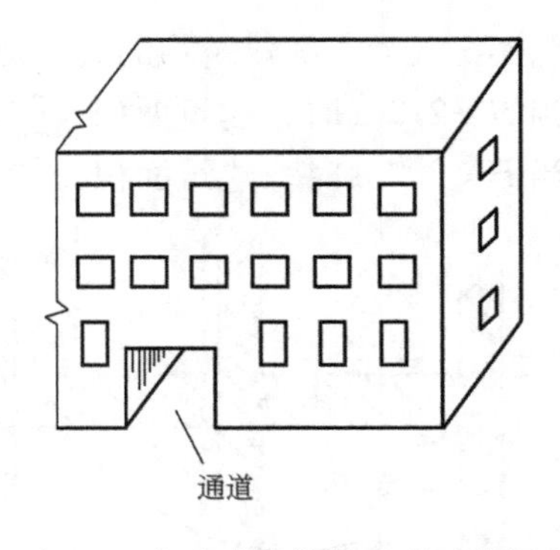

图 4-8 穿过建筑物的通道示意图

14）设有围护结构不垂直于水平面而超出底板外沿的建筑物，应按其底板面的外围水平面积计算。层高在 2.20m 及以上者应计算全面积；层高不足 2.20m 者应计算 1/2 面积。

15）建筑物内的室内楼梯间、电梯井、观光电梯井、提物井、管道井、通风排气竖井、垃圾道、附墙烟囱应按建筑物的自然层计算。

16）雨篷结构的外边线至外墙结构外边线的宽度超过 2.10m 者，应按雨篷结构板的水平投影面积的 1/2 计算。

17）有永久性顶盖的室外楼梯，应按建筑物自然层的水平投影面积的 1/2 计算。

18）建筑物的阳台（图 4-9）均应按其维护结构水平投影面积的 1/2 计算。

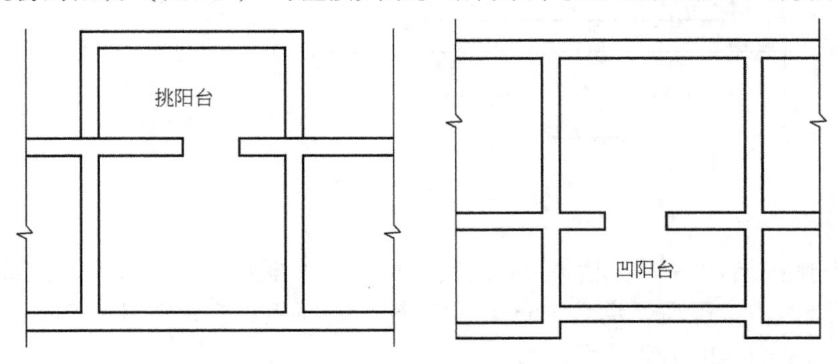

图 4-9 建筑物阳台示意图

19）有永久性顶盖无围护结构的车棚、货棚、站台（图 4-10）、加油站、收费站等，应按其顶盖水平投影面积的 1/2 计算。

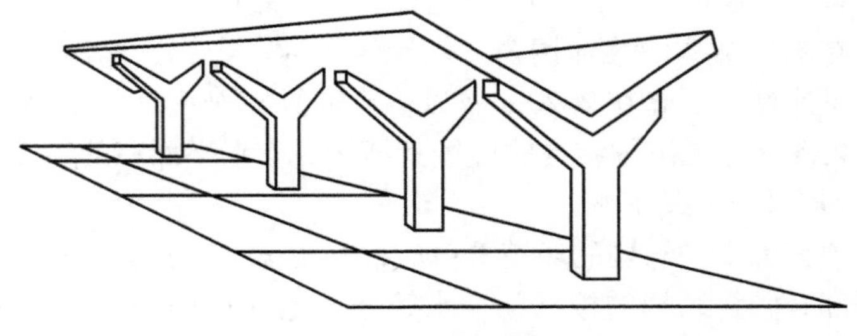
图 4-10 站台示意图

20）高低联跨的建筑物，应以高跨结构外边线为界分别计算建筑面积；其高低跨内部连通时，其变形缝应计算在低跨面积内。

如图4-11所示，设该建筑物的外墙外边线长度为L，则建筑物的建筑面积为：高跨建筑面积：$L \times a$；低跨建筑面积：$L \times b_1 + L \times b_2$。

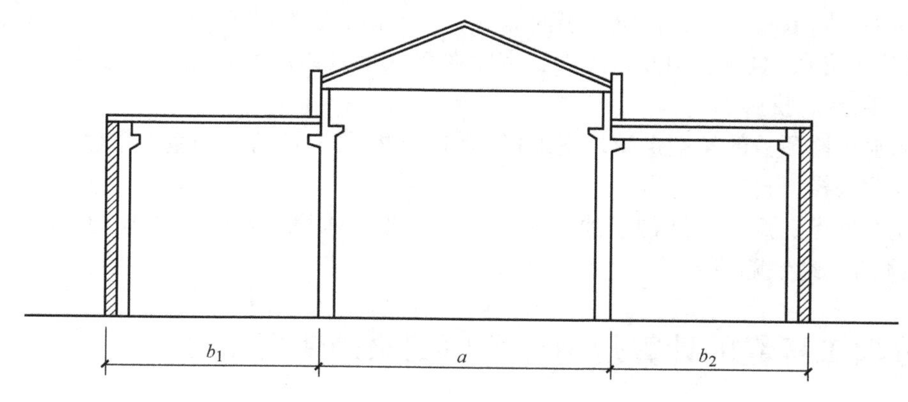

图4-11　高低联跨建筑物示意图

21）以幕墙作为围护结构的建筑物，应按幕墙外边线计算建筑面积。

22）建筑物外墙外侧有保温隔热层的，应按保温隔热层外边线计算建筑面积。

23）建筑物内的变形缝，应按其自然层合并在建筑物面积内计算。

2. 建筑面积的计算实例

根据《建筑工程建筑面积计算规范》（GB/T 50353—2013）及本书附录C的施工图，进行实例的计算，建筑面积计算书如下：

建筑面积计算书

工程名称：××公司办公室室内装饰工程

工程名称	单位	数量	计算式
××公司办公室室内装饰工程	m^2	146.87	$(15.27+0.125-1.07+0.10)\times(3.30+1.15+1.50+0.50+0.35+0.05+0.125)+(1.65+2.20+0.10+0.10)\times(0.845+0.455+0.56+0.84-0.125+0.10)+(1.50+0.10+0.01)\times1.07+(0.50+0.35-0.10+0.05)\times0.20+(3.45+0.375+0.20-0.05)\times(3.30+1.50+2.70+0.125+0.05)+0.16\times0.90+\left[\frac{0.60+1.26+0.60+1.26+0.25}{2}\times0.45+(0.60+2.745+0.65)\times1.2+\frac{0.60+2.745+0.65+1.055}{2}\times0.605+\frac{(1.165+1.165+0.515)\times(1.055+0.65-0.80)}{2}-0.25\times0.60-0.80\times0.70\right]\times1/2-\frac{2.485+2.485+0.185\times2}{2}\times(0.375+0.20)$

4.2.3　不计算建筑面积的规定

1）建筑物通道（骑楼、过街楼的底层）。

2）建筑物内的设备管道夹层。

3）建筑物内分隔的单层房间，舞台及后台悬挂幕布、布景的天桥、挑台等。

4）屋顶水箱、花架、凉棚、露台、露天游泳池。

5）建筑物内的操作平台、上料平台、安装箱和罐体的平台。

6）勒脚、附墙柱、垛、台阶、墙面抹灰、装饰面、镶贴块料面层、装饰性幕墙、空调室外机搁板（箱）、飘窗、构件、配件、宽度在2.10m及以内的雨篷以及与建筑物内不相连通的装饰性阳台、挑廊。

7）无永久性顶盖的架空走廊、室外楼梯和用于检修、消防等的室外钢楼梯、爬梯。

8）自动扶梯、自动人行道。

9）独立烟囱、烟道、地沟、油（水）罐、气柜、水塔、贮油（水）池、贮仓、栈桥、地下人防通道、地铁隧道。

4.3 分项工程量的计算规则与分项定额的使用

消耗量（计价）定额按照每一分项定额的编制特点确定了相应的工程量计算规则，按照这个计算规则计算的分项工程量才能进行相应定额项目的合理套项，才能保证每一项消耗量（计价）定额子目的正确使用。

4.3.1 楼地面工程

1. 名词解释

1）点缀：镶拼石材面积小于0.015m^{2}的单体装饰部分为一个点缀。

2）弯头：楼梯扶手每旋转90°角度的长度部分为一个弯头。

3）踢脚板：内墙脚与楼地面相交处的一种镶贴护脚面层，一般高度为120～180mm。常用大理石板、花岗岩板、墙面砖镶贴。

4）踢脚线：部位同踢脚板，一般高度为150mm。用水泥砂浆加厚处理或水磨石板粘贴。

5）自流平地面：使用新型胶质拌和浆抹刮施工形成的楼地面面层。

2. 工程量计算规则

1）楼地面整体面层、垫层、找平层、块料面层均按设计图示尺寸以面积计算。扣除凸出地面构筑物、设备基础、地沟等所占面积，不扣除间壁墙和0.30m^{2}以内的柱、垛、附墙烟囱及孔洞所占面积，门洞、空圈、暖气包槽、壁龛的开口部分已综合考虑在定额内，不再单独计算。计算公式为：

$$\begin{matrix}\text{地面整体面层、垫层、找平层、}\\\text{块料面层面积}\end{matrix}=\text{房间净长}\times\text{房间净宽}-\begin{matrix}0.30\text{m}^2\text{以上的}\\\text{孔洞所占面积}\end{matrix}\quad(4\text{-}1)$$

2）块料面层中的点缀按个计算，计算主体铺贴地面面积时，不扣除点缀所占面积。

3）石材底面刷养护液按底面面积加4个侧面面积，以平方米计算。

4）橡塑面层、竹木地面、毛地毯等及其他材料面层均按设计图示尺寸以面积计算。门洞、空圈、暖气包槽、壁龛的开口部分单独计算并入相应的工程量内。

5）楼梯防滑条按楼梯踏步两端距离减300mm以延长米计算。

6）装饰踢脚板按设计图示长度乘以高以平方米计算。但水磨石、水泥砂浆及成品踢脚线按实铺延长米计算，楼梯踢脚线按相应定额乘以1.15系数。

7）楼梯面层按设计图示尺寸以楼梯（包括踏步、休息平台及宽500mm以内的楼梯井）水平投影面积计算。计算楼梯水平投影长度时，有梯口梁者，算至梯口梁外侧（即梁面包括在楼梯面层内）；无梯口梁者，算至最上一层踏步边沿加300mm。楼梯水平投影宽度按楼梯间净宽度计算。楼梯底面、侧面不包括在上述面积中。计算公式为：

楼梯整体面层面积 = 楼梯水平投影长 × 楼梯间净宽度 − >500mm宽楼梯井面积 (4-2)

螺旋形楼梯面层的水平投影面积及内外侧面面积分别按下述公式计算：

$$\text{螺旋形楼梯面层面积} = BH\sqrt{1+\left(\frac{2\pi R_{平}}{h}\right)^2} \tag{4-3}$$

$$\text{螺旋形楼梯内侧面面积} = H\sqrt{1+\left(\frac{2\pi r}{h}\right)^2}\times\text{侧边高度} \tag{4-4}$$

$$\text{螺旋形楼梯外侧面面积} = H\sqrt{1+\left(\frac{2\pi R}{h}\right)^2}\times\text{侧边高度} \tag{4-5}$$

式中 B——楼梯宽度；

H——螺旋楼梯全高；

h——螺距；

$R_{平}=\dfrac{R+r}{2}$；

r——内旋半径；

R——外旋半径。

8）扶手、栏杆、栏板装饰按设计图示尺寸以扶手中心线长度（包括弯头长度）计算，但弯头按个另行计算。普通楼梯的一处扶手转角（180°）应计算两个弯头。

9）台阶饰面按设计图示尺寸以台阶（包括最上一层踏步边沿加300mm）按水平投影计算。计算公式为：

台阶整体面层面积 =（台阶水平投影长度 + 300mm）× 台阶宽度 (4-6)

10）零星装饰按设计图示尺寸以面积计算。

3. 分项定额的使用说明

1）地面垫层、找平层、整体面层的混凝土、砂浆和块料面层的黏接砂浆的设计标号如与定额标号不一致时，可按设计标号进行调整，计算公式为：

定额新基价 = 定额原基价 + 定额砂浆含量 ×（设计砂浆单价 − 定额砂浆单价） (4-7)

定额新基价 = 定额原基价 + 定额混凝土含量 ×（设计混凝土单价 − 定额混凝土单价） (4-8)

2）楼地面面层定额中不包括踢脚板的工料，楼梯面层不包括踢脚板、楼梯梯段侧面、板底面的抹灰，另按相应定额项目计算。

3）成品踢脚板高度是按150mm编制的，超过时主材料用量可以调整，人工、机械用量不变，计算公式为：

$$\text{设计主材料增（减）量} = \left[\frac{\text{设计高度}}{\text{定额高度}}-1\right]\times\text{定额主材料含量} \tag{4-9}$$

定额增（减）基价 = 主材料增（减）量 × 主材料单价 (4-10)

4）菱苦土地面、现浇水磨石楼地面定额中已包括了酸洗打腊的工料；台阶不包括牵边、侧面装饰。

5）镶拼面积小于0.015m^2的石材执行点缀定额。

6）零星项目适用于楼梯侧面、台阶的牵边，小便池、蹲台、池槽以及面积在1m^2内且定额未列项目的工程。

7）木地板、竹地板均按成品预算价格装入定额中的。

【例4-1】 某房间地面面积为320m^2，用1:2的水泥砂浆镶贴红色理石板，理石板规格为500mm×500mm×20mm，理石板损耗率2%，板底刷养护液，计算地面镶贴红色理石板的直接工程费。

解 1. 计算板底刷养护液工程量及刷养护液的直接工程费

应使用的理石板块数为：$\dfrac{320}{0.50\times0.50}\times(1+2\%)=1306$ 块

板底刷养护液工程量为：（0.50m×0.50m+0.50m×0.02m×4）/块×1306块=378.74m^2

查《计价定额B》1-60项知刷养护液的定额基价为316.52元/100m^2

刷养护液的直接工程费为378.74m^2×316.52元/100m^2=1198.79元

2. 计算镶贴红色理石板的直接工程费

查《计价定额B》1-27项知镶贴红色理石板的定额基价为：15700.09元/100m^2，定额所含的黏接砂浆为1:3水泥砂浆，定额砂浆含量为3.03 m^3/100m^2。

又查《配合比表》知：

1:3水泥砂浆（13-277项）单价为174.68元/m^3

1:2水泥砂浆（13-275项）单价为214.88元/m^3

则换算后水泥砂浆镶贴红色理石板的定额新基价为：

15700.09元/100m^2+3.03 m^3/100m^2×(214.88元/m^3−174.68元/m^3)= 15821.90元/100m^2

直接工程费：15821.90元/100m^2×320/100=50630.08元

【例4-2】 某会议室用1:1水泥砂浆镶贴成品大理石踢脚板，踢脚板设计高度为180mm，若镶贴总长度为42m，计算镶贴成品大理石踢脚板的直接工程费。

解 查《计价定额B》1-124项知：

水泥砂浆镶贴成品大理石踢脚板的定额原基价为3746.82元/100m

水泥砂浆镶贴成品大理石踢脚板的定额成品大理石（踢脚线）含量为102m/100m

又查《计价定额B》附录——材料预算价格表第252项知：

成品大理石（踢脚线）的预算价格为32.00元/m

则设计大理石（踢脚线）的增量为$\left(\dfrac{180}{150}-1\right)\times102\text{m}/100\text{m}=20.40\text{m}/100\text{m}$

按设计的大理石踢脚板定额增价为20.40m/100m×32.00元/m=652.80元/100m

调整后水泥砂浆镶贴成品大理石踢脚板的定额新基价为：

3746.82元/100m+652.80元/100m =4399.62元/100m

直接工程费：4399.62元/100m×42m= 1847.84元

4. 楼地面工程分项工程量计算实例

根据《计价定额B》及本书附录C的施工图进行实例计算，楼地面工程分项工程量计算书如下：

楼地面工程分项工程量计算书

工程名称：××公司办公室室内装饰工程

序号	分项工程名称	单位	数量	计算式
一	水泥砂浆面层上铺地毯			① 水泥砂浆面层：$80.78m^2+11.12m^2+23.84m^2=115.74m^2$ ② 铺地毯面积：$80.78m^2+11.21m^2+23.93m^2=115.92m^2$
1	大厅及会议室水泥砂浆面层	m^2	80.78	$(15.27-1.07-0.125-0.10)\times(3.35+1.15-0.125-0.10)+(3.30+2.70+2.20+1.65+0.10-0.05)\times(0.10+1.50+0.50+0.35-0.05)+(1.06-0.05)\times1.50+(0.85+0.10-0.05)\times0.20+\frac{1.26+1.26+0.25}{2}\times0.50-(3.35-0.125)\times(1.65-0.10)-0.60\times0.10-0.55\times0.10$
2	大厅及会议室地面铺地毯	m^2	80.78	同大厅及会议室水泥砂浆面层面积
3	财务室水泥砂浆面层	m^2	11.12	$\frac{1.615+1.615+0.185}{2}\times0.50+(3.30-0.05\times2)\times(3.40-0.10-0.05)-0.64\times0.20$
4	财务室地面铺地毯	m^2	11.21	$11.12+0.85\times0.10$
5	经理室水泥砂浆面层	m^2	23.84	$(2.70+1.50-0.10-0.05)\times(1.50+0.50+0.35+3.45-0.05-0.10)+\frac{1.91+1.91+0.185}{2}\times0.50-0.40\times0.10$
6	经理室地面铺地毯	m^2	23.93	$23.84+0.85\times0.10$
二	300mm×300mm 防滑玻化地砖面层			① 水泥砂浆找平层:$4.85m^2+9.50m^2+4.76m^2=19.11m^2$ ② SBS 改性沥青:$7.31m^2+13.07m^2+7.36m^2=27.74m^2$ ③ 水泥砂浆找平层:$4.85m^2+9.50m^2+4.76m^2=19.11m^2$ ④ 防滑玻化砖:$4.85m^2+9.50m^2+4.76m^2=19.11m^2$
1	经理室卫生间 1:3 水泥砂浆找平层 10mm 厚	m^2	4.85	$(2.70-0.10-0.05)\times(1.50+0.50-0.05\times2)$
2	经理室卫生间 SBS 改性沥青防水层卷起 300mm	m^2	7.31	$4.85+[(2.70-0.10-0.05+1.50+0.50-0.05\times2)\times2-0.70]\times0.30$
3	经理室卫生间 1:3 水泥砂浆找平层 10mm 厚	m^2	4.85	$(2.70-0.10-0.05)\times(1.50+0.50-0.05\times2)$
4	经理室卫生间贴防滑砖	m^2	4.85	$(2.70-0.10-0.05)\times(1.50+0.50-0.05\times2)$
5	公共卫生间 1:3 水泥砂浆找平层 10mm 厚	m^2	9.50	$(1.65+0.15+2.20-0.10\times2)\times(0.845+0.455+0.56+0.84-0.10\times2)$
6	公共卫生间 SBS 改性沥青防水层卷起 300mm 高	m^2	13.07	$9.50+[(1.65+0.15+2.20-0.10\times2+0.845+0.455+0.56+0.84-0.10\times2)\times2-0.70]\times0.30$

（续）

序号	分项工程名称	单位	数量	计 算 式
7	公共卫生间1:3水泥砂浆找平层10mm厚	m^2	9.50	$(1.65+0.15+2.20-0.10\times2)\times(0.845+0.455+0.56+0.84-0.10\times2)$
8	公共卫生间贴防滑地砖	m^2	9.50	$(1.65+0.15+2.20-0.10\times2)\times(0.845+0.455+0.56+0.84-0.10\times2)$
9	厨房1:3水泥砂浆找平层10mm厚(硬基层)	m^2	4.76	$(1.65-0.10-0.05)\times(3.35-0.125-0.05)$
10	厨房SBS改性沥青防水层卷起300mm高	m^2	7.36	$4.76+[(1.65-0.10-0.05+3.35-0.125-0.05)\times2-0.70]\times0.30$
11	厨房1:3水泥砂浆找平层10mm厚(软基层)	m^2	4.76	$(1.65-0.10-0.05)\times(3.35-0.125-0.05)$
三	阳台地面铺600mm×600mm地砖面层			① C20混凝土垫层：$0.69m^3$ ② 1:3水泥砂浆找平层：$6.89m^2$ ③ 600mm×600mm地面砖：$6.89m^2$
1	阳台C20混凝土垫层100mm厚	m^3	0.69	$6.89m^2$（阳台找平层面积）×0.10
2	阳台600mm×600mm地砖	m^2	6.89	同阳台1:3水泥砂浆找平层面积
3	阳台1:3水泥砂浆找平层20mm厚	m^2	6.89	$\frac{(1.615+1.615+0.515)\times(1.055+0.65-0.8)}{2}+\frac{0.60+2.745+0.65+1.055}{2}\times 0.605+(0.60+2.745+0.65)\times1.1-0.25\times0.65-0.80\times0.70$
四	贴100mm高铝塑踢脚板			① 18mm木夹板基层：$3.60m^2+1.61m^2+1.26m^2=6.47m^2$ ② 铝塑踢脚板：$3.60m^2+1.61m^2+1.26m^2=6.47m^2$
1	大厅及会议室18mm木夹板基层	m^2	3.60	$(1.15-0.05+0.10+1.07-0.10+0.10+1.50-1.00-0.10\times2+1.07-0.10\times2+0.50+0.35+0.10-0.05+1.65+0.15+2.20+2.70+3.30+0.05-0.85-0.06\times2-0.05+1.50+0.50+0.35-0.05-0.85-0.06\times2+0.05+1.50+2.70+0.05-0.125+1.15+3.35-0.05-0.125-0.10+0.55-0.05+1.90+0.25+\sqrt{0.25^2+0.25^2}-0.8\times2+1.26+0.6+0.60+0.10+2.70+2.20+0.15-0.70-0.06\times2-0.05+3.35-0.125-0.05+1.075-0.7\times2+1.075+1.65+0.05\times2-0.12-0.70-0.06\times2)\times0.10$
2	大厅及会议室铝塑踢脚板	m^2	3.60	同大厅及会议室18mm木夹板基层面积
3	经理室18mm木夹板基层	m^2	1.61	$(0.10+1.50+0.50+0.35+3.45-0.05-0.85-0.06\times2-0.125+1.50-0.05+0.25+\sqrt{0.25^2+0.185^2}+1.91+0.80+0.45+3.45+0.35-0.4\times2-0.05-0.225+2.70-0.125+0.05-0.70-0.06\times2+0.05+1.50-0.05\times2)\times0.10$
4	经理室铝塑踢脚板	m^2	1.61	同经理室18mm木夹板基层面积
5	财务室18mm木夹板基层	m^2	1.26	$(3.45-0.05+0.375+3.30-0.05\times2-0.815+\sqrt{0.25^2+0.185^2}+3.45-0.05-0.125+3.30-0.05\times2-0.85-0.06\times2)\times0.10$
6	财务室铝塑踢脚板	m^2	1.26	同财务室18mm木夹板基层面积

4.3.2　墙、柱面工程

1. 名词解释

1）一般抹灰：墙面抹水泥砂浆、混合砂浆、石灰砂浆、石膏砂浆、麻刀灰、纸筋灰等普通抹灰面层。

2）装饰抹灰：墙面抹水刷石、干粘石、斩假石、拉条灰、甩毛灰、仿石和彩色抹灰等高级抹灰面层。

2. 工程量计算规则

（1）墙柱面抹灰

1）外墙面一般抹灰、装饰抹灰工程量均按设计图示尺寸以垂直投影面积计算。不扣除墙与构件交接处的面积，扣除墙裙、门窗洞口及单个0.30m^2以上的孔洞面积，门窗洞口和孔洞口的侧壁及顶面面积不增加。附墙柱、梁、垛、烟囱侧壁面积应并入相应的墙面面积内。计算公式：

$$\text{外墙面抹灰面积} = \text{外墙长}(L_{\text{外}}) \times \text{外墙高度} + \text{附墙柱、梁、垛、烟囱侧壁面积} - \text{门窗洞口面积} - \text{外墙裙面积} - \text{单个}0.30m^2\text{以上孔洞面积} \tag{4-11}$$

2）外墙裙抹灰面积按墙裙长度乘高度计算。扣除门窗洞口和大于0.30m^2孔洞所占的面积，门窗洞口及孔洞的侧壁不增加。

3）外墙一般抹灰遇窗台线、门窗套、挑檐、腰线、遮阳板及雨篷外边线等部位时当展开宽度在300mm以内时，按延长米计算工程量并执行“装饰线条”定额；展开宽度在300mm以上时，按平方米计算工程量并执行“零星项目”抹灰定额。

外墙装饰抹灰遇上述部位时均按实抹面积计算工程量并执行“零星项目”的装饰抹灰定额。

4）内墙抹灰面积按主墙间的净长乘以高度计算，不扣除踢脚线、挂镜线和墙与构件交接处的面积，扣除门窗洞口及单个0.30m^2以上的孔洞面积，门窗洞口和孔洞口的侧壁及顶面面积不增加。附墙柱、梁、垛、烟囱侧壁面积并入相应的墙面面积内。内墙面高度规定如下：

①无墙裙的，高度按室内楼地面至天棚底面之间距离计算。

②有墙裙的，高度按墙裙顶至天棚底面之间距离计算。

③钉板条天棚的内墙面一般抹灰工程量，高度按室内地面或楼面至天棚底面另加100mm计算。

5）内墙裙抹灰面积按内墙净长乘以高度计算。扣除门窗洞口和空圈所占的面积，门窗洞口和空圈的侧壁面积不另增加。

6）女儿墙（包括泛水、挑砖）、阳台栏板（不扣除花格所占面积）抹灰按垂直投影面积乘以系数1.10，带压顶者乘以系数1.30按墙面相应定额计算。

7）装饰抹灰分格、嵌缝按装饰抹灰面面积计算。

8）墙面勾缝按垂直投影面积计算，应扣除墙裙和墙面抹灰的面积，不扣除门窗洞口、门窗套、腰线等零星抹灰所占的面积，附墙柱和门窗洞口侧面的勾缝面积亦不增加。独立柱、房上烟囱勾缝，按图示尺寸以平方米计算。

9）柱面抹灰、勾缝按设计图示柱结构断面周长乘以高度以面积计算。计算公式为：

$$柱面抹灰面积 = 设计柱结构断面周长 \times 柱高 \tag{4-12}$$

（2）墙、柱面镶贴块料

1）墙、柱面镶贴块料按设计图示尺寸以面积计算。柱面镶贴块料的计算公式为：

$$柱面镶贴块料面积 = [柱结构断面长 + 柱结构断面宽 + (砂浆厚度 + 块料厚度) \times 4] \times 2 \times 柱高 \tag{4-13}$$

2）干挂石材钢骨架按设计图示尺寸以吨计算。

3）大理石、花岗岩柱墩、柱帽按最大外径周长计算。其他项目的柱帽、柱墩工程量按设计图示尺寸以展开面积计算并入相应面积内，每个柱帽或柱墩另增人工：抹灰面层0.25工日，镶贴块料面层0.38工日，装饰面层0.50工日。“块料磨边”按实磨长度计算延长米。

（3）墙、柱（梁）面装饰板

1）装饰板墙壁面工程量按设计图示墙净长乘以墙净高以面积计算。扣除门窗洞口及单个0.30m^2以上的孔洞所占面积。

2）装饰板柱（梁）面，按设计图示外围装饰面尺寸以面积计算。柱帽、柱墩并入相应柱装饰面工程量内。

（4）隔断　隔断按设计图示框外围尺寸以面积计算。扣除单个0.30m^2以上孔洞所占面积。

1）浴厕门的材质与隔断相同时，门的面积并入隔断面积内。

2）全玻璃隔断的不锈钢边框工程量按展开面积计算；如有加强肋（指带玻璃肋）者，工程量按展开面积计算。

（5）幕墙

1）带骨架幕墙，按设计图示框外围尺寸计算面积。不扣除与幕墙同种材质的窗所占面积。

2）全玻幕墙按设计图示尺寸以面积计算。

3）带肋全玻幕墙壁是指玻璃幕墙带玻璃肋。其工程量按展开面积计算，即玻璃肋的工程量合并在璃幕墙工程量内计算。

（6）零星项目　零星项目均按设计图示尺寸以面积计算。

3. 分项定额的使用

1）各种抹灰砂浆、黏接砂浆的设计标号与定额砂浆标号不一致时，可按设计砂浆标号进行换算，计算公式为：

$$定额新基价 = 定额原基价 + 定额砂浆含量 \times [设计砂浆单价 - 定额砂浆单价] \tag{4-14}$$

2）如设计抹灰砂浆厚度与定额取定不同时，除定额有注明厚度的项目外，一般不做调整。

3）每增减1mm厚素水泥浆或108胶素水泥浆，每平方米增减砂浆量0.0012m^3、增减人工0.01工日。

4）圆弧形、锯齿形、不规则墙面抹灰、镶贴块料、装饰面层按相应定额项目人工乘以系数1.05。

5）抹灰厚度按不同的砂浆分别列在定额中，同类砂浆列总厚度，不同砂浆分别列出厚度，如定额项目中(18+6)mm即表示两种不同砂浆的厚度分别为“18mm”和“6mm”。

6）墙面抹灰分普通抹灰、中级抹灰、高级抹灰三种。

7）零星项目定额适用于0.50m^2 内的抹灰和块料镶贴面层。

8）墙面镶贴面砖的离缝灰缝按5mm、10mm、20mm宽设置，灰缝不同时，块料和填缝料（1:1水泥砂浆）用量允许调整，其他不变。

9）墙、柱饰面及隔断、幕墙

①木龙骨基层是按双向计算的，如设计为单向时，材料、人工乘以系数0.55。

②隔墙（间壁）、隔断（护壁）、幕墙等定额中龙骨间距、规格如与设计不同时，定额用量允许调整，计算公式为：

$$\text{某方向的龙骨数量(根)} = \text{装饰面宽度} \div \text{设计龙骨中心间距} + 1 \tag{4-15}$$

$$\text{设计每平方米木龙骨含量} = \frac{(\text{横向龙骨根数} \times \text{龙骨长度} + \text{竖向龙骨根数} \times \text{龙骨长度})}{\text{龙骨铺设面积}} \times \text{龙骨每延米体积} \tag{4-16}$$

$$\text{木龙骨定额新基价} = \text{定额原基价} + \text{木龙骨单价} \times [\text{设计平方米木龙骨含量} - \text{定额平方米木龙骨含量}] \tag{4-17}$$

$$\text{设计每平方米金属龙骨含量} = \frac{\text{横向龙骨根数} \times \text{龙骨长度} + \text{竖向龙骨根数} \times \text{龙骨长度}}{\text{龙骨铺设面积}} \tag{4-18}$$

$$\text{金属龙骨定额新基价} = \text{定额原基价} + \text{金属龙骨单价} \times [\text{设计平方米金属龙骨含量} - \text{定额平方米金属龙骨含量}] \tag{4-19}$$

【例4-3】　如图4-12所示，某混凝土柱高3200mm，结构断面尺寸500mm×500mm，采用1:2.5水泥砂浆挂贴白色大理石板（板厚20mm）做装饰面层，若黏接砂浆厚度20mm，计算大理石板装饰面面积及直接工程费。

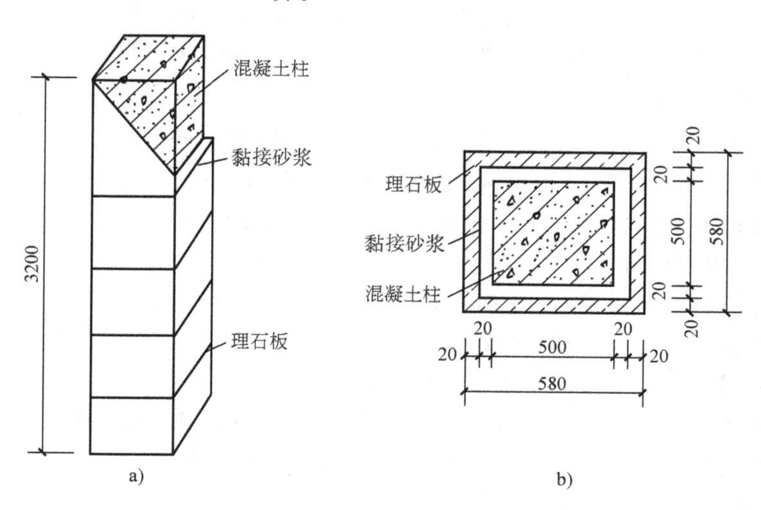

图4-12　混凝土柱面贴大理石板

a）混凝土柱立面装饰图　b）混凝土柱剖面装饰图

解　大理石板装饰面面积：(0.5m+0.02m×2+0.02m×2)×4×3.20m=7.42m^2

查《计价定额B》2-121项知：

混凝土柱面挂贴大理石板的定额基价为 27941.81 元/100m^2

则直接工程费为：27941.81 元/100m^2 ×7.42m^2/100 = 2073.28 元

【例 4-4】 如图 4-13 所示，某宾馆正厅混凝土方柱高 5200mm（柱结构断面尺寸为 500mm×500mm），柱面由内至外的装饰做法为：

①铺木龙骨 45mm×40mm 木方，中距 30cm，双向布置。

②铺胶合板（五合板）5mm 厚。

③铺镜面玻璃 6mm 厚。

计算混凝土方柱面装饰的各项工程量及直接工程费。

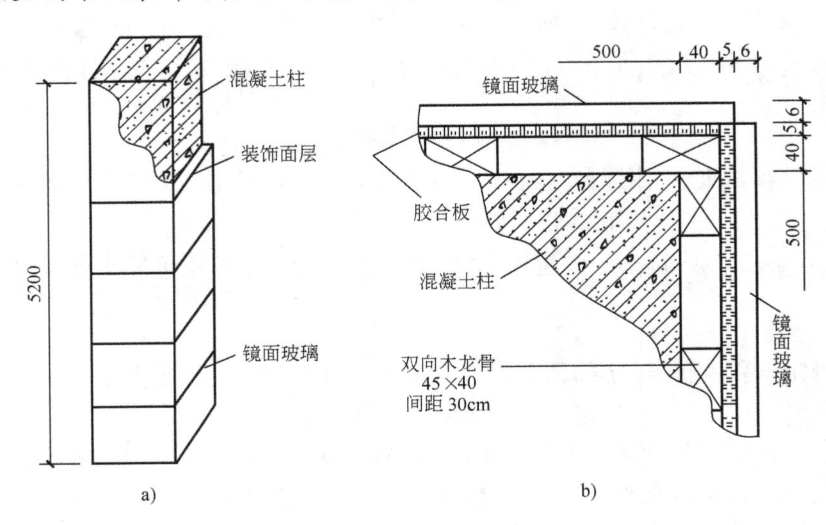

图 4-13 混凝土柱面钉木龙骨、镶镜面玻璃装饰图

a）混凝土柱立面装饰图 b）混凝土柱局部剖面装饰图

解 1）计算各项装饰工程量。

①柱面铺木龙骨面积：(0.50m + 0.04m×2)×4×5.20m = 12.064m^2

②铺胶合板面积：(0.5m + 0.04m×2 + 0.005m×2)×4×5.20m = 12.272m^2

③铺镜面玻璃面积：(0.50m + 0.04m×2 + 0.005m×2)×4×5.20m = 12.272m^2

2）计算设计木材含量：

竖向木龙骨根数：[(0.50m + 0.04m×2)÷0.30m + 1]×4 = 12

竖向木龙骨体积：12×5.20m×0.045m×0.04m = 0.1123m^3

横向木龙骨根数：(5.20m÷0.30m + 1)×4 = 74

横向木龙骨体积：74×(0.58m − 0.045m×3)×0.045m×0.04m = 0.0593m^3

设计木材含量为：(0.1123m^3 + 0.0593m^3)÷12.064m^2 = 0.0142m^3/m^2 = 1.42m^3/100m^2

3）计算柱面装饰的直接工程费

①计算柱面铺木龙骨的直接工程费：

查《计价定额 B》2-178 项知柱面铺木龙骨的定额基价为 3743.85 元/100m^2

柱面铺木龙骨的定额“龙骨木材”含量为 1.76m^3/100m^2

查《计价定额 B》附录——材料预算价格表的 125 项知：

龙骨木材预算价格为 1550.00 元/m^3

则调整后柱面铺木龙骨的定额基价为：

3473.85 元/100m^2 + 1550.00 元/m^3 ×（1.42m^3/100m^2 − 1.76m^3/100m^2）= 2946.85 元/100m^2

木龙骨直接工程费：2946.85 元/100m^2 ×12.064m^2/100 = 355.51 元

②计算铺胶合板直接工程费：

查《计价定额 B》2-195 项知柱面铺胶合板的定额基价为 1817.17 元/100m^2

则胶合板直接工程费：1817.17 元/100m^2 ×12.272m^2/100 = 223.00 元

③计算铺镜面玻璃直接工程费：

查《计价定额 B》2-334 项知柱面铺镜面玻璃的定额基价为 10224.06 元/100m^2

则镜面玻璃直接工程费：10224.06 元/100m^2 ×12.272m^2/100 = 1254.70 元

4. 墙面工程分项工程量计算实例

根据《计价定额 B》及本书附录 C 的施工图进行实例计算，墙面工程分项工程量计算书如下：

墙面工程分项工程量计算书

工程名称：××公司办公室室内装饰工程

序号	分项工程名称	单位	数量	计 算 式
一	财务室墙面			①单层木龙骨：0.68m^2 ②黄色铝塑板面层：0.68m^2 ③镜面不锈钢门套线：5.80m
1	南墙面			
(1)	单层木龙骨（门上）	m^2	0.68	0.80×0.85
(2)	黄色铝塑板	m^2	0.68	0.80×0.85
(3)	镜面不锈钢门套	m	5.80	2.9×2
二	经理室墙面			①单层木龙骨：0.68m^2 +0.49m^2 +8.49m^2 +1.60m^2 =11.26m^2 ②黄色铝塑板面层：0.68m^2 +0.49m^2 =1.17m^2 ③镜面不锈钢门套线：5.80m +5.60m =11.40m ④18mm 木夹板基层：8.49m^2 +2.24m^2 =10.73m^2 ⑤3mm 木夹板面层：8.49m^2 ⑥亚克力灯片：0.56m^2 ⑦实木线条：14.40m ⑧黑胡桃木夹板面层：2.24m^2
1	西墙面			
(1)	单层木龙骨（门上）	m^2	0.68	0.80×0.85
(2)	黄色铝塑板面层	m^2	0.68	0.80×0.85
(3)	镜面不锈钢门套线	m	5.80	2.90×2
2	东墙面			
(1)	单层木龙骨（门上）	m^2	0.49	0.70×0.70
(2)	黄色铝塑板面层	m^2	0.49	0.70×0.70
(3)	镜面不锈钢门套线	m	5.60	2.80×2

（续）

序号	分项工程名称	单位	数量	计 算 式
(4)	单层木龙骨	m^2	8.49	(0.90 + 0.40 + 0.90 + 0.40 + 0.90) × 2.70 − 0.40 × 0.80 × 3
(5)	18mm 木夹板基层	m^2	8.49	(0.90 + 0.40 + 0.90 + 0.40 + 0.90) × 2.70 − 0.40 × 0.80 × 3
(6)	3mm 木夹板面层	m^2	8.49	(0.90 + 0.40 + 0.90 + 0.40 + 0.90) × 2.70 − 0.40 × 0.80 × 3
(7)	亚克力灯片	m^2	0.56	0.25 × 0.25 × 9
(8)	实木线条	m	14.40	0.25 × 3.20 × 2 × 9
(9)	墙面造型处木龙骨	m^2	1.60	0.40 × 1.00 × 2 × 2
(10)	18mm 木夹板基层	m^2	2.24	0.40 × 1.00 × 2 + 0.30 × 2 × 2 + 0.30 × 0.40 × 2
(11)	黑胡桃木夹板面层	m^2	2.24	0.40 × 1.00 × 2 + 0.30 × 2 × 2 + 0.30 × 0.40 × 2
三	大厅、会议室、办公区墙面			①单层木龙骨： $3.85m^2 + 4.64m^2 + 1.11m^2 + 0.68m^2 + 0.68m^2 + 16.03m^2 + 0.46m^2 = 27.45m^2$ ②白色铝塑板面层：$4.64m^2 + 5.53m^2 = 10.17m^2$ ③黄色铝塑板面层：$1.11m^2 + 0.68m^2 + 0.68m^2 + 0.46m^2 = 2.93m^2$ ④镜面不锈钢门套线：11.00m + 5.80m + 5.80m + 5.50m = 28.10m ⑤18mm 木夹板基层：$12.25m^2 + 3.85m^2 = 16.12m^2$ ⑥12mm 木夹板基层：$0.68m^2$ ⑦9mm 木夹板基层：$10.50m^2$ ⑧3mm 木夹板面层：$3.85m^2 + 4.00m^2 = 7.85m^2$ ⑨镜面不锈钢条：1.40m ⑩白色铝护角线（50mm 宽）：8.00m
1	西墙面			
(1)	墙面单层木龙骨	m^2	3.85	0.70 × 2.75 × 2
(2)	18mm 木夹板基层	m^2	3.85	0.70 × 2.75 × 2
(3)	3mm 木夹板面层	m^2	3.85	0.70 × 2.75 × 2
(4)	墙面单层木龙骨	m^2	4.64	1.75 × 2.65
(5)	白色铝塑板面层	m^2	4.64	1.75 × 2.65
(6)	单层木龙骨（门上）	m^2	1.11	0.65 × 1.00 + 0.65 × 70
(7)	黄色铝塑板面层	m^2	1.11	0.65 × 1.00 + 0.65 × 70
(8)	镜面不锈钢门套线	m	11.00	2.75 × 2 × 2
2	北墙面			
(1)	单层木龙骨（门上）	m^2	0.68	0.85 × 0.80
(2)	黄色铝塑板面层	m^2	0.68	0.85 × 0.80
(3)	镜面不锈钢门套线	m	5.80	2.90 × 2
3	东墙面			
(1)	单层木龙骨（门上）	m^2	0.68	0.85 × 0.80
(2)	黄色铝塑板面层	m^2	0.68	0.85 × 0.80
(3)	镜面不锈钢门套线	m	5.80	2.90 × 2

（续）

序号	分项工程名称	单位	数量	计 算 式
(4)	墙面单层木龙骨	m^2	16.03	4.20×2.80+0.924×2.80+0.824×2.80+0.80×2×0.40－0.90×1.40
(5)	3mm 木夹板面层	m^2	4.00	0.80×2.00×2.50
(6)	白色铝塑板面层	m^2	5.53	0.924×2.80+0.824×2.80+0.80×2×0.40
(7)	18mm 木夹板基层	m^2	12.25	(0.226×2+0.40)×0.371+0.40×0.90+0.30×0.90×2+0.30×0.40+4.00+5.53+2.50×4×0.138
(8)	9mm 木夹板层	m^2	10.50	4.20×2.80－0.90×1.40
(9)	12mm 木夹板基层	m^2	0.68	4×2.50×0.068
4	南墙面			
(1)	单层木龙骨（门上）	m^2	0.46	0.70×0.65
(2)	黄色铝塑板面层	m^2	0.46	0.70×0.65
(3)	镜面不锈钢门套线	m	5.50	2.75×2
(4)	镜面不锈钢条	m	1.40	0.70×2
(5)	50mm 宽白铝板护角线	m	8.00	2.00×2×2
四	150mm×75mm 墙砖	m^2	78.65	22.89+30.69+25.07
1	经理室卫生间	m^2	22.89	[(1.50+0.35－0.05－0.125)×2+(2.70－0.05－0.125)×2]×2.90－0.70×2.10(M3)
2	公共卫生间	m^2	30.69	[(2.20+0.15+1.65－0.10－0.125)×2+(0.845+0.455+0.56+0.84)×2]×2.75－0.70×2.10(M3)－2.5×1.38(C3)
3	厨房	m^2	25.07	[(1.65+0.15－0.10－0.05)×2+(3.35－0.05－0.125)×2]×2.75－0.70×2.10(M3门)

4.3.3 天棚工程

1. 名词解释

1）平面天棚：天棚面层在同一标高且天棚面层为一般直线形的吊顶天棚。

2）跌级天棚：天棚面层不在同一标高（至少有一层跌级）且天棚面层为一般直线形的吊顶天棚。

3）艺术天棚：天棚面层不在同一标高（有多层跌级或几何造型）且天棚面层为艺术造型的吊顶天棚。艺术天棚有锯齿形、阶梯形、吊挂式、藻井式等。

2. 工程量计算规则

1）天棚抹灰按设计图示尺寸以水平投影面积计算。不扣除间壁墙、垛、柱、附墙烟囱、检查口和管道所占的面积。带梁天棚的梁两侧抹灰面积并入天棚面积内。计算公式为：

$$天棚抹灰面积 = 房间净长 \times 房间净宽 + 梁两侧面积 \tag{4-20}$$

①密肋梁、井字梁天棚抹灰面积，按展开面积计算。

②檐口天棚的抹灰面积，并入相同的天棚抹灰工程量内计算。

③阳台底面抹灰按水平投影面积以平方米计算，并入天棚抹灰面积内计算。阳台如带悬

臂梁者，其工程量乘以系数1.30。

④雨篷底面或顶面抹灰分别按水平投影面积以平方米计算，并入天棚抹灰面积内。雨篷顶面带反沿或反梁者、底面带悬臂梁者，其工程量乘以系数1.20。

⑤天棚抹灰如带装饰线时，分别按三道线以内或五道线以内按延长米计算，线角的道数以一个突出的棱角为一道线。

2）天棚吊顶。

天棚吊顶定额按平面或跌级天棚、艺术天棚、其他天棚三种类型设置不同的子目。

①平面或跌级天棚、艺术天棚吊顶包括基层、龙骨及面层，均按设计图示尺寸以水平投影面积计算。不扣除间壁墙、检查口、附墙烟囱、柱垛和管道所占的面积，扣除单个0.30m^2以上的孔洞、独立柱及与天棚相连的窗帘盒所占的面积。天棚面积中的灯槽及跌级、锯齿形、吊挂式、藻井式天棚面积不展开计算。计算公式为：

天棚吊顶基层、龙骨及面层面积 = 房间净长 × 房间净宽 − 0.30m^2以上的孔洞面积 − 室内独立柱所占面积 − 窗帘盒所占面积 （4-21）

②灯光槽按延长米另行计算。

③其他吊顶均按设计图示尺寸以水平投影面积计算。其他吊顶包括：格栅、吊筒、网架（装饰）、织物软塑及藤条选型悬挂吊顶。

④保温吸声层按实铺面积计算。

⑤天棚面嵌缝按延长米计算。

3）板式楼梯底面抹灰及装饰按斜面操作计算；锯齿形楼梯底板抹灰按展开面积计算。

4）送（回）风口安装按设计图示数量以个计算。

3. 分项定额的使用

1）平面或跌级天棚、艺术天棚项目按龙骨、基层、面层分别列项；其他天棚一般包括龙骨、基层与面层的综合内容。

2）定额龙骨的种类、间距、规格和定额不同时可以调整，调整方法可参考本章“4.3.2 墙、柱面工程”的调整公式；天棚基层、面层材料的设计规格与定额不同时，可以调整。

3）天棚面层不在同一标高的跌级天棚，其面层定额人工乘以系数1.10。

4）锯齿形、阶梯形、吊挂式、藻井式天棚执行艺术天棚的相应龙骨、基层、面层的定额子目。

5）轻钢龙骨、铝合金龙骨的定额为双层结构（即中、小龙骨紧贴大龙骨底面吊挂），设计为单层结构时，人工乘以系数0.85。

6）艺术天棚中灯光槽按相应定额子目执行。

【例4-5】 某教室的天棚采用水泥砂浆抹面，天棚有混凝土纵梁、横梁各一榀，梁高均为棚面下0.60m，梁宽0.40m，该教室房间净长12m、净宽6.40m，计算天棚抹灰的工程量与直接工程费。

解 1）计算天棚抹灰工程量：

①棚面面积（含梁底部分）：12.00m × 6.40m = 76.80m^2

②梁侧面积（含重叠部分）：0.60m × (12.00m × 2 + 6.40m × 2) = 22.08m^2

③重叠面积（一共有4处）：0.60m × 0.40m × 4 = 0.96m^2

天棚抹灰工程量：$76.80m^2 + 22.08m^2 - 0.96m^2 = 97.92m^2$

2）计算抹灰直接工程费：

查《计价定额 A》10-79 项知：

天棚抹水泥砂浆的定额基价为 887.36 元/$100m^2$（未包含水泥砂浆材料费），且定额给定的水泥砂浆种类为：

基层 1:3 水泥砂浆，定额含量 $0.72m^3/100m^2$

面层 1:2.5 水泥砂浆，定额含量 $1.01m^3/100m^2$

据此计算的水泥砂浆用量分别为：

基层 1:3 水泥砂浆用量 $0.72m^3/100m^2 \times 97.92/100 = 0.71m^3$

面层 1:2.5 水泥砂浆用量 $1.01m^3/100m^2 \times 97.92/100 = 0.99m^3$

再查《计价定额 A》10-104 项、10-105 项知：

1:2.5 水泥砂浆定额基价为 225.70 元/m^3

1:3 水泥砂浆定额基价为 201.10 元/m^3

则直接工程费为：

定额 10-79 项 887.36 元/$100m^2 \times 97.92/100 = 868.90$ 元

定额 10-104 项 225.70 元/$m^3 \times 0.71m^3 = 160.25$ 元

定额 10-105 项 201.10 元/$m^3 \times 0.99m^3 = 199.09$ 元

4. 天棚工程分项工程量计算实例

根据《计价定额 B》及本书附录 C 的施工图进行实例计算，天棚工程分项工程量计算书如下：

天棚工程分项工程量计算书

工程名称：××公司办公室室内装饰工程

序号	分项工程名称	单位	数量	计 算 式
一	木龙骨、条形铝扣板面层			①木龙骨 25mm×25mm： $9.34m^2 + 4.76m^2 + 4.80m^2 = 18.90m^2$ ②条形铝扣板面层： $9.34m^2 + 4.76m^2 + 4.80m^2 = 18.90m^2$ ③铝扣板收边线： $12.50m + 9.35m + 8.85m = 30.70m$
1	公共卫生间 25mm×25mm 木龙骨	m^2	9.34	$(1.65 + 0.15 + 2.20 - 0.10 - 0.125) \times (0.845 + 0.455 + 0.56 + 0.84 - 0.10 - 0.125)$
2	公共卫生间条形铝扣板面层	m^2	9.34	$(1.65 + 0.15 + 2.20 - 0.10 - 0.125) \times (0.845 + 0.455 + 0.56 + 0.84 - 0.10 - 0.125)$
3	公共卫生间铝扣板收边线	m	12.50	$(1.65 + 0.15 + 2.2 - 0.10 - 0.125 + 0.845 + 0.455 + 0.56 + 0.84 - 0.10 - 0.125) \times 2$
4	厨房 25mm×25mm 木龙骨	m^2	4.76	$(1.65 - 0.10 - 0.05) \times (3.35 - 0.125 - 0.05)$
5	厨房条形铝扣板面层	m^2	4.76	$(1.65 - 0.10 - 0.05) \times (3.35 - 0.125 - 0.05)$
6	厨房铝扣板收边线	m	9.35	$(1.65 - 0.10 - 0.05 + 3.35 - 0.125 - 0.05) \times 2$

（续）

序号	分项工程名称	单位	数量	计 算 式
7	经理室卫生间 25mm × 25mm 木龙骨	m^2	4.80	(2.70 − 0.125 − 0.05) × (1.50 + 0.50 − 0.05 × 2)
8	经理室卫生间条形铝扣板	m^2	4.80	(2.70 − 0.125 − 0.05) × (1.50 + 0.50 − 0.05 × 2)
9	经理室卫生间铝扣板收边线	m	8.85	(2.70 − 0.125 − 0.05 + 1.50 + 0.50 − 0.05 × 2) × 2
二	木龙骨、钢网面层			
1	30mm × 30mm 木龙骨	m^2	5.00	4.10 × (1.85 − 0.45) − 0.40 × 1.85
2	钢网面层	m^2	5.00	4.10 × (1.85 − 0.45) − 0.40 × 1.85
3	50mm × 50mm 钢方管	m	11.80	(1.85 − 0.45 − 0.05) × 6 + 4.10 − 0.40
4	木线条	m	11.80	(1.85 − 0.45 − 0.05) × 6 + 4.10 − 0.40
5	不锈钢片	m	11.80	(1.85 − 0.45 − 0.05) × 6 + 4.10 − 0.40
三	木龙骨、乳化玻璃面层			
1	30mm × 30mm 木龙骨	m^2	1.67	4.10 × 0.45 − 0.40 × 0.45
2	乳化玻璃面层	m^2	1.19	(4.10 − 0.05 × 6 − 0.40) × 0.35
3	细木工板灯槽	m	3.70	4.10 − 0.40
4	50mm × 50mm 钢方管	m	9.50	(4.10 − 0.40) × 2 + 0.35 × 6
5	木线条	m	9.50	(4.10 − 0.40) × 2 + 0.35 × 6
6	不锈钢片	m	9.50	(4.10 − 0.40) × 2 + 0.35 × 6
四	圆造型处吊顶天棚			
1	30mm × 30mm 木龙骨	m^2	1.77	$\pi/4 \times 1.50^2$
2	造型乳化玻璃面层	m^2	1.05	$\pi/4 \times 1.155^2$
3	造型内侧 3mm 夹板	m^2	1.56	$\pi \times 1.10 \times 0.45$
4	40mm × 40mm 不锈钢方管	m	5.78	$1.10 \times 2 + 1.14 \times \pi$
5	黑色塑铝板面层	m^2	0.82	$\pi \times 1.30 \times 0.20$
6	（参）细木工板灯槽	m	4.08	$\pi \times 1.30$
7	侧壁钉 3mm 夹板	m^2	4.12	$\pi \times 1.50 \times 0.50 + \pi \times 1.45 \times 0.05 + \pi \times 1.00 \times 0.05 + \pi \times 1.10 \times 0.40$
8	18mm 夹板条	m	3.16	0.20 × 8 + 0.05 × 3 × 4 + 0.24 × 4
五	椭圆造型吊顶天棚			
1	30mm × 30mm 木龙骨	m^2	2.03	$\pi \times 0.68 \times 0.95$（中心椭圆面积）
2	38 系列轻钢龙骨	m^2	2.22	$\pi \times 1.04 \times 1.30 - 2.03$（环形椭圆面积）
3	灯箱片面层	m^2	2.03	$\pi \times 0.68 \times 0.95$（中心椭圆面积）
4	50mm × 50mm 不锈钢方管	m	5.34	$\pi \times [1.50 \times (0.975 + 0.715) - \sqrt{0.975 \times 0.715}]$（椭圆外环周长）

（续）

序号	分项工程名称	单位	数量	计　算　式
5	20mm×20mm不锈钢方管	m	12.04	$\pi\times[1.5\times(0.94+0.67)-\sqrt{0.94\times0.67}]$（椭圆外环周长）+1.67（横撑长）+0.88（竖撑平均长）×6
6	9mm木夹板基层	m^2	2.47	$\pi\times1.04\times1.30-\pi\times0.90\times0.63$
7	黑色铝塑板面层	m^2	2.47	$\pi\times1.04\times1.30-\pi\times0.90\times0.63$
六	大厅经理室财务室38系列轻钢龙骨、8mm哈迪板天棚面层			①38系列轻钢龙骨： $11.33m^2+18.69m^2+65.30m^2=95.32m^2$ ②哈迪板天棚面层： $9.50m^2+14.57m^2+65.30m^2=89.37m^2$ ③黑色铝塑板天棚面层： $1.83m^2+4.12m^2=5.95m^2$
1	财务室轻钢龙骨	m^2	11.33	$(3.30-0.05\times2)\times(3.45-0.05-0.125)+\frac{1.615+1.615+0.185}{2}\times0.50$
2	财务室铝塑板天棚面层	m^2	1.83	$1.45\times0.30\times2+1.60\times0.30\times2$
3	财务室哈迪板天棚面层	m^2	9.50	$11.33-1.83$
4	经理室轻钢龙骨	m^2	18.69	$(2.70+1.50-0.05-0.125)\times(1.50+0.50+3.45-0.05-0.125)+\frac{1.91+1.91+0.185}{2}\times0.50-(2.7-0.05-0.125)\times(1.50-0.05\times2)$
5	经理室铝塑板天棚面层	m^2	4.12	$(1.50+0.85+3.45-0.05-0.125)\times0.30+(3.45+0.35+0.375-0.05)\times0.30+(3.45+0.35+0.225-0.05)\times0.30$
6	经理室哈迪板天棚面层	m^2	14.57	$18.69-4.12$
7	大厅、办公室轻钢龙骨	m^2	65.30	80.78（地面面积）−2.03（椭圆造型）−4.76（钢网面层）−1.67（乳化玻璃面层）−(4.50−0.125−0.05−0.25)×0.30（竖向次梁面积）−(4.50+1.50+0.85−0.225−0.05−0.49)×0.40（竖向主梁面积）−(2.70+1.50+3.30−0.40−0.125)×0.25（东侧横梁面积）−[2.70+2.20+0.15+1.65−0.10−1.12（平均长度）]×0.30（西侧横梁面积）
8	大厅、办公室哈迪板天棚面层	m^2	65.30	同大厅、办公室轻钢龙骨面积

4.3.4　门窗工程

1. 名词解释

1）门窗套：门窗洞口沿阳角一周与墙面接触的“∟”形装饰板（条）。

2）门窗筒子板：门窗洞口阳角内侧墙面与门窗框接触的“—”形装饰板。

3）门窗贴脸：沿门或窗洞口外侧一周镶贴的装饰条。

2. 工程量计算规则

1）普通木门、窗制作、安装工程量均按门、窗洞口面积计算。

①普通窗上部带有半圆窗的应分别按半圆窗和普通窗计算。其分界线以普通窗和半圆窗之间的横框上裁口线为分界线。

②门窗扇包镀锌皮，按门、窗洞口面积以平方米计算；门窗框包镀锌铁皮，钉橡皮条、钉毛毡按图示门窗洞口尺寸以延长米计算。

③门连窗工程量按门连窗洞口面积计算。

2）装饰门框、门扇制作安装工程量按以下规定计算：

①实木门框制作安装以延长米计算。实木门扇制作安装及装饰门扇制作按扇外围面积计算。装饰门扇及成品门扇安装按扇计算。其五金安装另行计算。

②木门扇隔声面层，区分不同材料，按单面面积计算。

③不锈钢板包门框、门窗套、花岗岩门套、门窗筒子板按实铺（钉）的展开面积计算。

④门窗盖口条、贴脸、披水条、窗帘盒、窗帘轨按图示尺寸以延长米计算。

⑤窗台板按设计图示尺寸以面积计算。

3）木门窗运输均按框外围面积以平方米计算。

4）成品门窗安装工程量按以下规定计算：

①铝合金门窗、彩板组角钢门窗、塑钢门窗、钢门窗安装，均按门窗洞口面积计算。

②防盗窗、百叶窗、防盗装饰门窗、防火门按框外围面积以平方米计算。

③卷闸门安装按其高度乘以门的实际宽度以平方米计算。安装高度算至滚筒顶点为准。带卷筒罩的按展开面积增加。电动装置安装以套计算，小门安装增加费以扇计算，小门面积不扣除。

④防火卷帘门从地（楼）面算至端板顶点乘以设计宽度计算平方米。

⑤电子感应门及转门按定额尺寸以樘计算。

⑥不锈钢电动伸缩门以樘计算。

⑦窗帘按设计尺寸以平方米计算。

3. 分项定额的使用

1）木门窗安装材料费中不包括门窗小五金费，发生时按“定额木门窗五金配件表”另行按“樘”计算。

2）木门木窗要分别按框制作、框安装，扇制作、扇安装分别列项套定额。

3）各类金属门窗及塑钢窗安装定额装入的成品金属门窗及塑钢窗单价中包括门、窗附件的费用。

4）本章定额木材木种均以一、二类木种为准，如设计采用三、四类木种时，分别乘以下列系数：木门制作，按相应项目人工和机械乘以系数 1.30；木门安装，按相应项目的人工和机械乘以系数 1.16；其他项目按相应项目人工和机械乘以系数 1.35。

5）消耗量（计价）定额中所注明的木材断面或厚度均以毛料为准。如设计图样注明的断面或厚度为净料时，应增加刨光损耗；板、方材一面刨光增加 3mm；两面刨光增加 5mm；圆木每立方米材积增加 0.05m^3。

定额中的木板、木方的规格分类见表 4-1。

表4-1 定额中木板、木方规格分类表

项目	按宽度尺寸比例分配	板材厚度、方材宽度、厚度乘积				
板材类	宽度≥3×厚	名称	薄板	中板	厚板	特厚板
		厚度/mm	<18	19~35	36~65	≥66
方材类	宽度<3×厚	名称	小方	中方	大方	特大方
		宽×厚/cm^2	<54	55~100	101~225	≥226

6）消耗量（计价）定额中木门窗框、扇断面取定如下：

无纱镶板门框：60mm×100mm

有纱镶板门框：60mm×120mm

无纱窗框：60mm×90mm

有纱窗框：60mm×110mm

无纱镶板门扇：45mm×100mm

有纱镶板门扇：45mm×120mm+35mm×100mm

无纱窗扇：45mm×60mm

有纱窗扇：45mm×60mm+35mm×60mm

胶合板门扇：38mm×60mm

消耗量（计价）定额取定的断面与设计规定不同时，应按比例换算。框断面以边框断面为准（框裁口如为钉条者加贴条的断面）；扇料以主挺断面为准。设计材积增（减量）计算公式为：

$$\text{设计材积增(减)量} = \left[\frac{\text{设计断面面积(加刨光损耗)}}{\text{定额断面面积}} - 1\right] \times \text{定额木材材积} \quad (4\text{-}22)$$

$$\text{定额新基价} = \text{定额原基价} + \text{设计材积增(减)量} \times \text{木材预算价格} \quad (4\text{-}23)$$

7）装饰门扇制作安装按木骨架、基层、装饰面层分别计算。

8）成品门窗安装项目中的成品门窗单价中已包括了各种五金配件费用。

【例4-6】 某工程采用双扇无纱无亮镶板门，框料断面（净尺寸）木方规格为80mm×100mm，计算门框的制作单价。

解 查《计价定额B》4-13项知：

双扇无纱无亮镶板门门框制作的定额原基价为2470.07元/100m^2

查《计价定额B》第330页说明4“…无纱镶板门框：60mm×100mm…”知：

定额框料取定的断面积为6.00cm×10.00cm=60.00cm^2

双扇无纱无亮镶板门门框制作的定额框料为一等木方（55~100cm^2）

定额木材材积量（定额含量）为1.218m^3/100m^2

查《计价定额B》附录——“材料预算价格表”第147项知：

一等木方（55~100cm^2）的预算价格为1700.00元/m^3。

设计框料断面面积为(8.00cm+0.30cm)×(10.00cm+0.50cm)=87.15cm^2

则设计材积增量为$\left(\frac{87.15cm^2}{60.00cm^2}-1\right)\times 1.218m^3/100m^2 = 0.551m^3/100m^2$

调整后“双扇无纱无亮镶板门门框制作”的定额新基价为：

2470.07 元/$100m^2 + 0.551m^3/100m^2 \times 1700.00$ 元/$m^3 = 3406.77$ 元/$100m^2$

4. 门窗工程分项工程量计算实例

根据《计价定额 B》及本书附录 C 的施工图进行实例计算，门窗工程分项工程量计算书如下：

门窗工程工程量计算书

工程名称：××公司办公室室内装饰工程

序号	分项工程名称	单位	数量	计 算 式
一	铝合金平开门			
1	M1 门制作安装	m^2	2.10	1.00×2.10×1
二	实木镶板门			
1	M2 门框制作安装	m	3.57	0.85×2.1×2
2	M2 门扇制作安装	m^2	3.57	0.85×2.1×2
3	木门五金费	樘	2.00	按实际数量计算
三	防盗门制作安装	m^2	3.57	0.85×2.1×2
四	实木镶板门带一扇百叶			
1	M3 门框制作	m^2	4.41	0.70×2.10×3
2	M3 门框安装	m^2	4.41	0.70×2.10×3
3	M3 门扇制作	m^2	4.41	0.70×2.10×3
4	M3 门扇安装	m^2	4.41	0.70×2.10×3
5	木门五金费	樘	3.00	按实际数量计算
五	塑钢窗制作安装	m^2	56.08	5.36+1.66+3.45+4.76+5.60+6.32+28.93
1	C1 制作安装	m^2	5.36	(0.90+0.22×2)×2×2
2	C2 制作安装	m^2	1.66	1.20×1.38×1
3	C3 制作安装	m^2	3.45	2.50×1.38×1
4	YC1 制作安装	m^2	4.76	(1.35+0.635)×2.4
5	YC2 制作安装	m^2	5.60	(1.70+0.635)×2.4
6	YC3 制作安装	m^2	6.32	(2.00+0.635)×2.4
7	YC4 制作安装	m^2	28.93	(1.40+4.34+1.45+1.45+1.335)×2.9

4.3.5 油漆、涂料、裱糊工程

1. 油漆、涂料、裱糊工程的相关知识

1）常见油漆面层的做法由底油（打底灰）、腻子（刮灰、找补腻子）、面油（面层漆）三部分构成。

①底油（打底灰）：常用材料为清油或润油粉，其作用是作为基本粘接层。

②腻子（刮灰、找补腻子）：常用石膏粉加桐油按一定比例配制，其作用是进行找平、补坑。

③面油（面层漆）：刷高级漆料，常用各种磁漆等，其作用是达到抛光、着色等目的。

2）油漆面积系数、长度系数、重量系数的概念

①油漆项目的定额计价面积与按油漆项目工程量计算规则计算出的面积的比值称为油漆面积系数。

②油漆项目的定额计价长度与按油漆项目工程量计算规则计算出的长度的比值称为油漆长度系数。

③油漆项目的定额计价重量与按油漆项目工程量计算规则计算出的重量的比值称为油漆重量系数。

3）喷塑（一塑三油）底油、装饰漆、面油，其规格划分如下：

①大压花：喷点压平、点面积在 $1.2cm^2$ 以上。

②中压花：喷点压平、点面积在 $1 \sim 1.2cm^2$ 之间。

③喷中点、幼点：喷点压平、点面积在 $1cm^2$ 以下。

2. 工程量计算规则

1）楼地面、天棚面、墙、柱、梁面的喷（刷）涂料、抹灰面油漆及裱糊工程的工程量，均按本定额中楼地面、天棚面、墙、柱、梁面装饰章节的相应工程量计算规则的规定计算。

2）木材面、金属面及门窗油漆的工程量首先分别按表4-2至表4-7中的“执行定额”的规定进行油漆项目的归类，再根据油漆项目的归类结果按表4-2至表4-7中的“工程量计算规则”计算出“规则工程量”，最后将“规则工程量”乘以各表所列的相应系数后得到油漆项目的定额计价工程量。具体的归类要求为：

①木材面油漆项目归为5类，分别是：单层木门、单层木窗、木扶手（不带托板）、其他木材面、木地板。

②金属面油漆项目归为3类，分别是：单层钢门窗，其他金属面，平面屋面涂刷磷化、锌黄底漆。

表4-2　单层木门、单层木窗面油漆表

项目名称	系数	工程量计算规则	执行定额
单层木门	1.00	单面洞口面积	单层木门定额
双层（一板一纱）木门	1.36		
双层（单裁口）木门	2.00		
单层全玻璃门	0.83		
木百叶门	1.25		
厂库房大门	1.10		
单层木窗	1.00	单面洞口面积	单层木窗定额
双层（一玻一纱）窗	1.36		
双层（单裁口）窗	2.00		
三层（一玻一纱）窗	2.60		
单层组合窗	0.83		
双层组合窗	1.13		
木百叶窗	1.50		

表 4-3 木扶手（不带托板）、木地板面油漆表

项目名称	系数	工程量计算规则	执行定额
木扶手（不带托板）	1.00	延长米	木扶手（不带托板）定额
木扶手（带托板）	2.60		
窗帘盒	2.04		
封檐板、博风板	1.74		
挂衣板、黑板框、木线 100mm 以上	0.52		
挂镜板、窗帘棍、木线 100mm 以内	0.35		
木地板	1.00	长×宽	木地板定额
木楼梯（不包括底面）	2.30	水平投影面积	

表 4-4 其他木材面油漆表

项目名称	系数	工程量计算规则	执行定额
木板、纤维板、胶合板、天棚、檐口	1.00	按设计图示尺寸以面积计算	其他木材面定额
清水板条天棚、檐口	1.07		
木方格吊顶天棚	1.20		
吸声板墙面、天棚面	0.87		
鱼鳞板墙	2.48		
木护墙、墙裙	1.00		
窗台板、筒子板、盖板、门窗套	1.00		
暖气罩	1.28		
屋面板（带檩条）	1.11	斜长×宽	
木屋架	1.79	跨度（长）×中高×1/2	
木间壁、木隔断	1.90	单面外围面积	
玻璃间壁露明墙筋	1.65		
木栅栏、木栏杆（带扶手）	1.82		
衣柜、壁柜	1.00	展开面积	
梁、柱面	1.00		
零星木装修	1.10		

表 4-5 单层钢门窗面油漆

项目名称	系数	工程量计算规则	执行定额
单层钢门窗	1.00	洞口面积	单层钢门窗定额
双层（一玻一纱）钢门窗	1.48		
钢百叶钢门窗	2.74		
半截百叶钢门	2.22		
满钢门或包铁皮门	1.63		
钢折叠门	2.30		

（续）

项目名称	系数	工程量计算规则	执行定额
射线防护门	2.96	框（扇）外围面积	单层钢门窗定额
厂库房平开、推拉门	1.70		
铁丝网大门	0.81		
平板屋面	0.74	斜长×宽	
瓦垄板屋面	0.89	斜长×宽	
间壁	1.85	长×宽	
吸气罩	1.63	水平投影面积	
排水、伸缩缝盖板	0.78	展开面积	

表4-6　其他金属面油漆，平面屋面涂刷磷化漆、锌黄底漆表

项目名称	系数	工程量计算规则	执行定额
钢屋架、天窗架、挡风架、屋架梁、支撑、檩条	1.00	质量/t	其他金属面油漆定额
墙架（空腹式）	0.50		
墙架（格板式）	0.82		
钢柱、吊车梁、花式梁、柱、空花构件	0.63		
操作台、走台、制动梁	0.71		
钢栅栏门、栏杆、窗栅	1.71		
钢爬梯	1.18		
轻型屋架	1.42		
踏步式钢扶梯	1.05		
零星铁件	1.32		
平板屋面	1.00	长×宽	平面屋面涂刷磷化漆、锌黄底漆定额
瓦垄板屋面	1.20	斜长×宽	
排水、伸缩缝盖板	1.05	展开面积	
吸气罩	2.20	水平投影面积	
包镀锌铁皮门	2.20	洞口面积	

表4-7　抹灰面油漆、涂料、裱糊工程表

项目名称	系数	工程量计算规则	执行定额
混凝土楼梯底（板式）	1.15	水平投影面积	抹灰面油漆涂料、裱糊定额
混凝土楼梯底（梁式）	1.00	展开面积	
混凝土花格窗、栏杆花饰	1.82	单面外围面积	
楼地面、天棚、墙、柱、梁面	1.00	展开面积	

3）定额中的隔墙、护壁、柱、天棚木龙骨及木地板中木龙骨带毛地板，刷防火涂料工程量计算规则如下：

①木隔墙、墙裙、护墙及木龙骨按其面层垂直投影面积计算。

②柱木龙骨按其面层外围面积计算。

③天棚木龙骨按其水平投影面积计算。清水板条天棚、檐口油漆、大方格吊顶天棚油漆按水平投影面积计算，不扣除空洞面积。

④木地板中木龙骨及木龙骨带毛地板按地板面积计算。

⑤隔墙、护壁、柱、天棚面层及木地板刷防火涂料，执行其他木材面刷防火涂料相应定额子目。

4）木地板及木地板烫硬蜡面，按设计图示尺寸以面积计算。空洞、空圈、暖气包槽、壁龛的开口部分并入相应的工程量内。

3. 分项定额的使用

1）定额的木材面刷油只设置了五种类别的各自对应子目，分别是：单层木门类、单层木窗类、木扶手（不带托板）类、其他木材面类、木地板类。对于设计要求的装饰木材面刷油项目，应首先要将其归属为上述某类中，再进行相应类别定额的套项与计价。

定额内的喷、涂、刷油遍数与设计要求不同时，可按每增加一遍的定额项目进行调整。计算公式为：

定额新基价 = 定额原基价 ± 定额增(减)项基价 × 增(减)遍数 （4-24）

2）定额中的双层木门窗（单裁口）是指双层框扇。三层二玻一纱窗是指双层框三层扇。

3）定额中的单层木门刷油是按双面刷油考虑的，如采用单面刷油时，其定额含量乘以0.49系数计算。

4）定额中的木扶手油漆为按不带托板考虑。

【例4-7】 某单位会议室木装饰面总面积为120m²（不含地板），设计的油漆做法为：润油粉两遍、腻子两遍、调和漆两遍、醇酸磁漆两遍，计算木装饰面刷油的直接工程费。

解 查《计价定额B》5-8项知：

其他木材面刷醇酸磁漆的定额原基价为2306.90元/100m²

定额的工作内容为：

润油粉两遍、腻子两遍、调和漆两遍、醇酸磁漆一遍，比设计少一遍醇酸磁漆。

再查《计价定额B》5-28项（增加一遍醇酸磁漆定额）知：

每增（减）一遍醇酸磁漆的定额基价为429.11元/100m²

则调整后定额的新基价为2306.90元/100m² +429.11元/100m² =2736.01元/100m²

直接工程费：2736.01元/100m² ×120.00m²/100 =3283.21元

4. 油漆、涂料工程分项工程量计算实例

根据《计价定额B》及本书附录C的施工图进行实例计算，油漆、涂料工程分项工程量计算书如下：

油漆、涂料工程分项工程量计算书

工程名称：××公司办公室室内装饰工程

序号	分项工程名称	单位	数量	计 算 式
一	镶板木门（M2）刷磁漆	m²	3.57	0.85×2.1×2
二	带百叶镶板木门（M3）刷磁漆	m²	4.41	0.70×2.10×3

（续）

序号	分项工程名称	单位	数量	计算式
三	大厅天棚钢网面层刷清漆	m^2	4.05	[4.10×(1.85−0.45)−0.40×1.85]×0.81(0.81为刷油系数)
四	大厅天棚圆造型侧壁木板刷灰色真石漆	m^2	4.53	[π×1.50×0.50+π×1.45×0.05+π×1.00×0.05+π×1.10×0.40]×1.10(1.10为刷油系数)
五	哈迪板天棚面层刷乳胶漆	m^2	89.37	65.30(大厅)+14.57(经理室)+9.50(财务室)
六	财务室内墙抹灰面刷白色乳胶漆	m^2	34.61	10.57+7.44+10.36+6.24
1	西墙抹灰面刷乳胶漆	m^2	10.57	(3.45+0.375−0.05)×2.80
2	北墙抹灰面刷乳胶漆	m^2	7.44	(3.30−0.05×2)×2.80+0.25×1.63+(1.615+$\sqrt{0.25^2+0.185^2}$)×0.60−1.80×1.63(YC2)
3	东墙抹灰面刷乳胶漆	m^2	10.36	(3.45+0.375−0.125)×2.80
4	南墙抹灰面刷乳胶漆	m^2	6.24	(3.30−0.05×2)×2.80−0.85×2.00(M2)−0.80×0.85(铝塑板)−2.80×2×0.06(镜面不锈钢)
七	经理室内墙抹灰面刷乳胶漆	m^2		①抹灰面刷乳胶漆： 14.05+9.85+3.19+10.80=37.89 ②木夹板刷乳胶漆:7.93
1	西墙抹灰面刷乳胶漆	m^2	14.05	(1.50+0.50+0.35+3.45−0.05−0.125)×2.80−0.85×2.00(M2)
2	北墙抹灰面刷乳胶漆	m^2	9.85	(1.50+2.70−0.05−0.125+0.10)×2.80+0.25×1.72+($\sqrt{0.185^2+0.25^2}$+1.91)×0.60−2.00×1.73(YC3)
3	东墙木夹板刷乳胶漆	m^2	7.93	8.49(木夹板)−0.56(亚克力灯片)
4	东墙抹灰面刷乳胶漆	m^2	3.19	(0.14+0.54+0.50)×2.70
5	南墙抹灰面刷乳胶漆	m^2	10.80	4.00×2.70
八	经理室黑桃木夹板墙基层刷清漆	m^2	2.24	0.40×1.00×2+0.30×4+0.30×0.40×2
九	大厅、办公室木夹板墙基层刷灰色真石漆	m^2	7.85	0.70×2.75×2+0.80×2.50×2
十	大厅、办公室抹灰墙面刷乳胶漆	m^2	113.78	22.09+37.99+16.74+36.96
1	西墙抹灰面刷乳胶漆	m^2	22.09	(1.075+0.10+1.075+1.65+0.05−0.10+1.15−0.05+0.10+1.07−0.10+0.10+1.50−0.10×2+1.07−0.10×2+0.50+0.35+0.10+0.38)×2.65−1.00×2.00(M1)−0.70×2.00(M3)
2	北墙抹灰面刷乳胶漆	m^2	37.99	(10.05+1.50+2.70+0.05−0.125)×2.80−0.85×2.00(M2)
3	东墙抹灰面刷乳胶漆	m^2	16.74	(1.50+0.50+0.35−0.05+0.05+1.50+2.70+0.05−0.125)×2.90+0.852×0.40−0.85×2.80(M2)

（续）

序号	分项工程名称	单位	数量	计 算 式
4	南墙抹灰面刷乳胶漆	m^2	36.96	$(7.45+2.40+0.25+\sqrt{0.25^2+0.25^2}+1.26+0.2+0.6)\times 2.80+(2.70+2.20+0.15-0.05)\times 2.65-2.70\times 2.10$（YC4）$-1.50\times 1.73$（YC1）$-0.70\times 2.00$（M3）$-1.2\times 1.38$（C2）
十一	阳台天棚抹灰面刷白色乳胶漆	m^2	6.89	$\frac{(1.615+1.615+0.515)\times(1.055+0.65-0.8)}{2}+\frac{0.60+2.745+0.65+1.055}{2}\times 0.605+(0.60+2.745+0.65)\times 1.10-0.25\times 0.65-0.80\times 0.70$

4.3.6 其他装饰工程

1. 工程量计算规则

1）货架、柜橱类均以正立面的高（包括柜脚的高度在内）乘以柜宽以平方米计算。

2）鞋架、存包柜按组计算。

3）收银台、试衣间等以个计算，其他以延长米为单位计算。

4）暖气罩按设计图示尺寸（包括脚的高度在内）以垂直投影面积（不展开）计算。

5）镜面玻璃安装、盥洗室木镜箱按设计图示尺寸以边框外围面积计算。

6）塑料镜箱、毛巾环、肥皂盒、金属帘子杆、浴缸拉手、毛巾杆安装以个或只或副计算。大理石洗漱台面按设计图示尺寸以台面外接矩形面积计算，不扣除孔洞、挖弯、削角所占面积，与台面相同材料的挡板、吊沿板面积并入台面面积内。

7）压条、装饰线条均按设计图示尺寸以延长米计算。

8）雨篷吊顶装饰面层按设计图示尺寸以水平投影面积计算。

9）不锈钢旗杆按设计图示数量以根计算。旗杆高度，按旗杆台座上表面至杆顶的高度（包括球珠）计算。

10）招牌、灯箱。

①平面招牌及基层按正立面边框外围面积计算，复杂形的凸凹造型部分亦不增减。

②沿雨篷、檐口或阳台走向的立式招牌基层，按平面招牌复杂型执行时，应按展开面积计算。

③箱体招牌和竖式标箱的基层，按外围体积计算。突出箱外的灯饰、店徽及其他艺术装潢等均另行计算。

④灯箱的面层按展开面积以平方米计算。

⑤广告牌钢骨架以吨计算。

11）美术字安装按字的最大外围矩形面积以个计算。

12）拆除工程。

①窗台板、门窗套、窗帘盒、扶手及栏杆均按延长米计算。

②其他拆除均按拆除面积计算。

③拆除垃圾外运均按实际体积以立方米计算。

2. 分项定额的使用

1）各种招牌的灯具均不包括在定额中。

2）美术字只计算大小，不考虑字体。

3）各种装饰线条均为成品安装，并且：

①天棚安装直线装饰线条时定额人工乘以系数1.34。

②天棚安装圆弧装饰线条时定额人工乘以系数1.60，材料乘以系数1.10。

③墙面安装圆弧装饰线条时定额人工乘以系数1.20，材料乘以系数1.10。

④装饰线条做艺术图案时定额人工乘以系数1.80，材料乘以系数1.10。

4.3.7　超高建筑物增加人工、机械降效补贴费用计算

在进行超高建筑物建筑装饰工程计价时，由于现行消耗量（计价）定额的编制是以一般建筑物为测算基数的，因此已不能满足超高建筑物建筑装饰工程实际施工消耗的需要，计价时需要对消耗量（计价）定额的定额水平进行补贴，使补贴后的定额水平符合超高建筑物建筑装饰工程施工的实际消耗水平。

1. 名词解释

1）建筑物檐高：指设计室外地坪至建筑物檐口的高度，突出屋面的电梯间、水箱间、女儿墙等不计入建筑物的檐高范围内。

2）超高建筑物：建筑物檐高20m以上或层数6层以上的建筑物。

3）降效补贴：消耗量（计价）定额中人工及机械台班消耗量是按照不超高建筑物测定编制的，超高建筑物在使用消耗量（计价）定额时，应在定额人工及机械台班消耗量的基础上增加补贴。

2. 工程量计算规则

1）各项补贴降效系数中包括的内容指建筑物基础以上（即自然地坪）执行本定额子目的全部装饰项目，但不包括构件水平运输、垂直运输及各项脚手架项目。

2）人工降效补贴费按规定内容中的全部人工费乘以定额降效补贴系数，计算公式为：

人工降效补贴费 =（基础以上项目定额人工费 − 基础以上水平运输项目定额人工费 − 基础以上垂直运输项目定额人工费 − 基础以上脚手架项目定额人工费）× 相应高度定额降效补贴系数　　(4-25)

3）垂直运输机械降效补贴费按规定内容中的全部机械费乘以定额降效补贴系数，列入技术措施费中，计算公式为：

垂直运输机械降效补贴费 = 基础以上项目垂直运输费 × 相应高度定额降效补贴系数　　(4-26)

4）其他机械降效补贴费按规定内容中的全部机械费乘以定额降效补贴系数，计算公式为：

其他机械降效补贴费 =（基础以上项目机械费 − 基础以上脚手架项目机械费 − 基础以上水平运输项目机械费 − 基础以上项目垂直运输费）× 相应高度定额降效补贴系数　　(4-27)

5）超高建筑装饰工程加压水泵台班费用的计算

①超高建筑物的建筑工程与装饰工程（前期装饰）由一个施工单位承包施工时，其超高装饰工程应发生的加压水泵台班费用已包括在超高建筑工程的加压水泵台班费用总额中，不得另行计算。

②超高建筑物的单独装饰工程（后期装饰）按地下室以上装饰工程建筑面积及《计价定额 B》的相应高度加压水泵台班定额基价的 20% 计算装饰工程发生的加压水泵台班费用，计算公式为：

$$加压水泵台班费用 = 地下室以上建筑面积 \times 相应高度加压水泵台班定额基价 \times 20\% \quad (4\text{-}28)$$

3. 分项定额的使用

同一建筑物的装饰工程的檐高不同时，要按不同的檐高分别计算各自檐高装饰工程的建筑面积，并套取相应高度的定额降效补贴系数。

4.3.8 建筑装饰工程技术措施项目

建筑装饰工程的技术措施项目（指可按计价定额套项计价的）主要由脚手架、建筑物垂直运输、已完工程成品保护、室内空气污染测试等措施项目组成。

1. 工程量主算规则

1）脚手架：建筑装饰工程发生的脚手架包括“一般脚手架”和“满堂脚手架”。“前期装饰”工程发生的“一般脚手架”已包含在该建筑工程的“一般脚手架”费用中，不得单独计算；“后期装饰”工程发生的一般脚手架按消耗量（计价）定额中相关单项脚手架的规则计算工程量，并套取相应定额基价。

当天棚工程的净高在 3.60m 以上（不包括 3.60m）时，应单独计算满堂脚手架费用。计算满堂脚手架的基本层面积按室内地面净面积计算，不扣除附墙垛、柱所占的面积。计算公式为：

$$满堂脚手架基本层面积 = 房间净长 \times 房间净宽 \quad (4\text{-}29)$$

满堂脚手架的计算高度为室内装饰面净高。当高度在 3.60～5.20m 之间时，计算基本层面积；高度超过 5.20m 时，每增加 1.20m，计算一次折层面积（折层面积同基本层面积），当最后剩余高度超过 0.60m（不包括 0.60m）时，可再折一层，最后剩余高度不足 0.60m 的舍掉不计。计算公式为：

$$满堂脚手架增加层层数 = (室内净高 - 5.20\text{m}) \div 1.20\text{m} \quad (4\text{-}30)$$

【例 4-8】 某会议室天棚净高 7.20m，采用轻钢龙骨石膏板吊顶（会议室净长 17.50m，净宽 9.40m），计算天棚吊顶满堂脚手架（钢管）的工程量与直接工程费。

解 1）满堂脚手架基本层面积：$17.50\text{m} \times 9.40\text{m} = 164.50\text{m}^2$

2）折层层数：$(7.20\text{m} - 5.20\text{m})/1.20\text{m} = 1$ 层……0.80m

而 $0.80\text{m} > 0.60\text{m}$，可再折一层，共折两层，折层面积：$164.50\text{m}^2 \times 2 = 329.00\text{m}^2$

3）查《计价定额 A》12-324 项知：

“满堂脚手架（钢管）基本层”的定额基价为 698.67 元/100m^2

则“满堂脚手架（钢管）”基本层的直接工程费为：

698.67 元/100m^2 × 164.50m^2/100 = 1149.31 元

再查《计价定额 A》12-325 项知：

“满堂脚手架（钢管）折层”定额的基价为 161.39 元/100m^2

则“满堂脚手架（钢管）折层”的直接工程费：161.39 元/100m^2 × 329.00m^2/100 = 530.97 元

2）建筑物垂直运输：

①地下室部分的垂直运输按地下室部分建筑面积计算工程量，高度由地下室底板垫层底至自然室外地坪计算，套用相应的定额子目。

②地上部分的垂直运输按地上部分建筑面积计算工程量，高度由自然室外地坪算至滴水檐口，突出主体建筑屋顶的电梯间、水箱间、女儿墙等不计入高度内。同一建筑物高度不同时，应区分高度分别计算建筑面积，并套用相应的定额子目。

③檐高3.60m以内的单层建筑物，不计算建筑物垂直运输费。

④超高建筑物设置每增10m的定额子目，如折算后高度不足10m但超过5m的，仍按10m的定额子目套项，小于5m的舍去不计。

⑤不能计算建筑面积的装饰工程，按装饰项目人工费与机械费和的15%计算垂直运输费。

3）项目成品保护：项目成品保护的工程量按项目所在的消耗量（计价）定额各章节相应项目工程量的计算规则以实际保护面积计算。

4）室内空气污染测试费：建筑装饰工程的室内空气污染测试费应按实际测试次数乘以实际测试价格计算费用总额，每次实际测试参考估算价格应按各地区规定计算（辽宁地区每百平方米建筑面积估算价在2000元左右）。

测试费内容主要包括如下测试项目：甲醛检查与测试、苯检查与测试、氨检查与测试、甲醛清除（熏蒸或高温蒸汽处理）、苯、氨清除（熏蒸或高温蒸汽处理）、光触媒介处理、负离子活氧处理、装饰面或家具除味、擦拭、加护理蜡等。

2. 分项定额的使用

1）消耗量（计价）定额各章节的分项定额子目中均已包括了3.60m内装饰工程所用脚手架的搭设与拆除费用。

2）计算满堂脚手架后，内墙面装饰工程不再计算其他单项脚手架项目。

3）建筑工程与装饰工程由一家施工单位承包施工时，天棚装饰工程可单独计算满堂脚手架费用，其他装饰工程不再计算脚手架费用。

4）成品保护项目包括楼地面、楼梯面、台阶面、独立柱、内墙面的装饰面层。

3. 技术措施项目分项工程量计算实例

根据《计价定额B》及本书附录C的施工图进行实例计算，技术措施项目工程量计算书如下：

技术措施项目工程量计算书

工程名称：××公司办公室室内装饰工程

序号	分项工程名称	单位	数量	计　算　式
一	项目成品保护			
1	地面保护	m^2	141.74	19.11(防滑地砖)+6.89(阳台地砖)+115.74(地毯面层)
2	内墙面保护	m^2	299.02	(0.68+1.17+2.93)(黄色铝塑板面层)+(8.49+7.85)(3mm木夹板面层)+0.56(亚克力灯片)+2.24(黑胡桃木夹板面层)+10.17(白色铝塑板面层)+78.65(墙砖面层)+(34.61+37.89+113.78)(乳胶漆面层)

小　　结

1. 《建筑工程建筑面积计算规范》（GB/T 50353—2005）规定计算建筑物建筑面积的规则共23条，不计算建筑面积的规定有9条，理解并掌握了这些计算规则，才能够在实际工作中正确计算建筑物的建筑面积。

2. 消耗量（计价）定额按照楼地面工程、墙柱面工程、天棚工程、门窗工程、油漆涂料裱糊工程、其他装饰项目、超高建筑物装饰增加人工与机械降效费用补贴、措施项目的各自不同特点确定了详细的分项工程量计算规则。掌握这些计算规则是正确计算装饰分项工程量、进行定额套项、按定额计价法编制装饰工程施工图预算的基本要求。为了便于理解并掌握这些分项工程量计算规则，本书在编写时对一些计算规则进行了公式化的表达方式，通过这些公式的描述，一些相对不易理解的规则会变得非常简单。在实际计算装饰分项工程量时，首先应该理解并掌握这些计算规则或计算公式，才能保证计算结果的可靠性与准确性。

3. 对消耗量（计价）定额各章中分项定额的使用及调整换算原则的理解程度是能否进行定额正确套项的关键，本书中列举了大量的有关定额的使用及调整换算例题，并且这些例题具有各自的特点与典型代表性，对于实际工作中相应问题的处理会有很大的帮助。

4. 本书对每章定额工程量计算规则的使用都配有按设计图样的计算实例，这些实例对于进一步加深理解和掌握装饰工程量的计算规则很有帮助，有条件的学生应该认真阅读并熟悉这些计算实例。

思考题与练习题

4-1　如何计算楼梯装饰面层面积？

4-2　如何计算楼地面镶贴块料面层面积？如何计算楼地面铺木地板面积？

4-3　如何计算天棚面抹灰面积？

4-4　如何计算吊顶天棚龙骨及面层的工程量？

4-5　内墙面抹灰的墙面高度如何确定？

4-6　某会议室天棚长16.26m，宽9.66m，结构高度7.80m，计算该天棚吊顶使用的满堂脚手架工程量。

4-7　某房间的装饰如图4-14所示，其中：踢脚线贴普通地砖高150mm（内墙门口处每侧贴80mm宽），墙裙抹1∶3水泥砂浆净高1200mm，天棚抹石灰砂浆，计算踢脚线、内墙裙抹灰、天棚抹灰的工程量

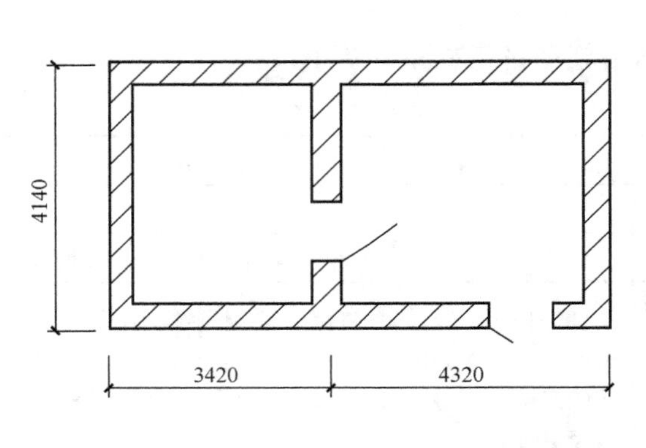

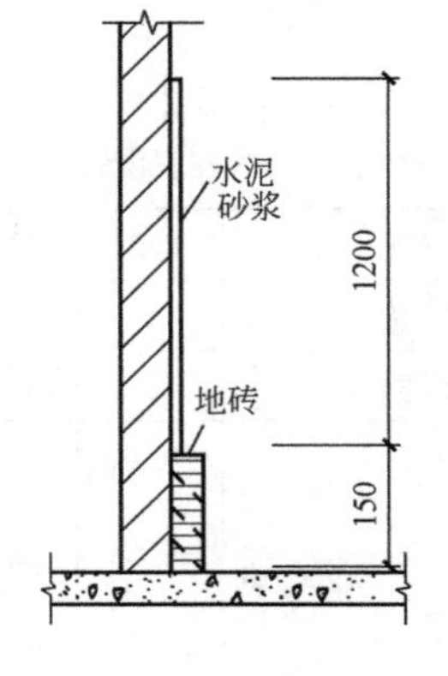

图4-14　房间装饰示意图

（图中内墙、外墙厚度均为 240mm，内门、外门宽度均为 900mm）。

4-8 某阳台装饰做法如图 4-15 所示，计算阳台装饰的工程量（砖墙面装饰不考虑）。

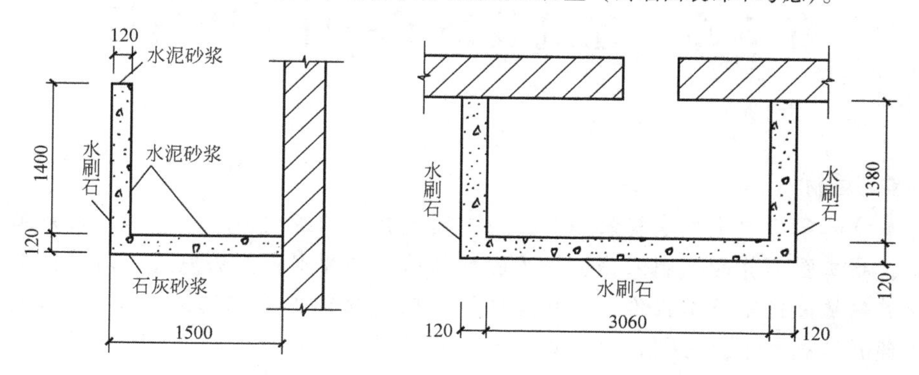

图 4-15 阳台装饰示意图

第5章　建筑装饰工程施工图预算

学习目标

通过本章的学习，掌握建筑装饰工程施工图预算书的组成内容、装饰工程施工图预算的编制步骤、施工图预算的编制依据、施工图预算的编制原则；能够熟练使用单位工程工料分析表；能够熟练进行单位工程价差的找补计算；理解装饰工程施工图预算实例的组成内容；了解施工预算的编制方法与“两算对比”的编制方法。

5.1　建筑装饰工程施工图预算的编制

建筑装饰工程预算书是确定建筑装饰工程造价的经济文件，它反映了建筑装饰工程设计图样实施的市场价值。建筑装饰工程预算书的编制是一个综合工作过程，需要熟练识读工程设计图样，按照本书第4章的学习内容进行分项工程量的计算，按照本书第3章的学习内容进行单位工程的计价取费，还需要按照本章的学习内容找补单位工程人工费价差、材料费价差、机械费价差，最后才能编制出一份完整的建筑装饰工程施工图预算书。

5.1.1　建筑装饰工程施工图预算书的内容

建筑装饰工程施工图预算书主要包括预算书封面；预算编制说明；单位工程计价（取费）程序表；单位工程价差表；分部分项工程预算表；单位工程人工、材料、机械用量汇总表等内容。

1. 预算书封面

预算书封面主要填写单位工程名称、建筑面积、单位工程造价、编制单位、编制人、审核人、编制时间等。封面形式由施工企业自己确定，常见样式见表5-1。

表5-1　预算书封面

建筑装饰工程预算书	
工程名称：	建筑面积：
审 定 值：________（元）	报 审 值：________（元）
建设单位：	施工单位：
审核单位：	审 核 人：
审 核 人：	编 制 人：
年　月　日	

2. 预算编制说明

预算编制说明主要填写编制依据（包括设计图样、标准图、消耗量（计价）定额、间接费用标准、其他相关经济文件等）、设计变更和现场签证情况、施工方案或施工组织设计的使用说明、工程承包合同条款的应用说明、其他相关说明等内容。

3. 单位工程计价（取费）程序表

单位工程计价（取费）程序表按照建筑装饰工程的类别划分规定及省（自治区、直辖市）与市（地区）工程造价部门规定的费率标准进行计算。表格样式见表3-4与表3-6。

4. 单位工程价差表

单位工程价差包括人工费、材料费、机械费三项价差，按照“单位工程人工、材料、机械用量表”（表格样式见表5-4）、本地区工人日工日单价标准、《材料预算价格表》《建设工程施工机械台班预算价格表》的预算价格以及人工、材料、机械台班的实际市场价格进行计算并找补，表格样式见表5-2。

表5-2 单位工程价差表

工程名称：

序号	人工、材料、机械名称	规格型号	计量单位	数量	市场价格/元	预算价格/元	单价差额/元	价差额/元

5. 分项工程预算表

分项工程预算表主要填写定额编号、分项工程名称、定额单位、分项工程量、定额基价、分项工程直接工程费、分项人工费基价、分项工程人工费等，表格样式见表5-3。

表5-3 建筑装饰工程预（结）算表

工程名称：

序号	定额编号	分项工程名称	计量单位	工程量	定额基价	直接工程费	人工费		材料费		机械费	
							基价	合价	基价	合价	基价	合价
		页计										

6. 单位工程人工、材料、机械用量汇总表

单位工程人工、材料、机械用量汇总表主要填写单位工程人工总工日数、材料的品种与规格及相应数量、机械的品种与型号及相应台班量，表格样式见表5-4。

表5-4 单位工程人工、材料、机械用量汇总表

工程名称：

序 号	统 一 编 号	人工、材料、机械名称	规 格 型 号	计 量 单 位	数 量

5.1.2 施工图预算书的编制原则

1）坚持实事求是的原则，反对冒算、多算等人为加大预算额的行为，提倡以科学、诚实的工作态度编制施工图预算书。

2）熟读工程设计图样，正确计算分项工程量，避免出现少算、漏算的现象。

3）经常深入施工现场，掌握建筑装饰工程施工过程中的第一手资料，保证预算书中的各项计算数据与工程实际情况相符。

4）认真贯彻执行国家建设行政主管部门的各项政策和有关规定，保证建筑装饰施工图预算书在各项政策的框架范围内进行编制。

5）编制人员与审查人员要经常了解劳务市场、建筑装饰材料市场、机械设备租赁市场的价格变动情况，保证编制人员与审查人员按照实事求是的原则进行单位工程价差的找补。

5.1.3 施工图预算书的编制依据

1）建筑装饰工程的招标文件。

2）建筑装饰工程设计图样，相关的标准图。

3）投标单位的企业内部定额或省（自治区、直辖市）装饰消耗量（计价）定额。

4）省（自治区、直辖市）建筑装饰工程参考费用标准。

5）建筑装饰工程施工方案或施工组织设计。

6）甲乙双方签订的工程合同，是确定取费等级和某些材料、构件价格的依据。

7）劳务市场、建筑装饰材料市场、机械设备租赁市场的月、季度价格。

5.1.4 建筑装饰工程施工图预算的编制步骤

1）收集相关资料：包括建筑装饰工程设计图样、相关标准图集、消耗量（计价）定额、《建设工程费用标准》建筑装饰工程施工方案、《装饰工程承包合同》等有关资料。

2）熟悉并掌握上述资料：包括建筑装饰工程设计图样的平面、立面、剖面及节点详图，标准图和设计图样的结合情况等。根据设计图样的实际情况，合理确定建筑装饰工程的切块或分项工程名称的设置。

3）根据工程设计图样的具体设计内容及施工顺序或结构特点，并结合工程量计算规则计算建筑装饰分项工程量，认真填写工程量计算书。

4）套取定额子目及预算基价，计算分项工程的直接工程费与人工费，填写装饰工程预算表，并汇总计算单位工程的直接工程费用额。在进行定额项目及预算基价的套项计价时，按照定额的规定正确处理下述情况：

①当分项工程设计内容与分项消耗量定额规定的工作内容一致时，可直接套取该项定额基价，计算分项工程的直接工程费额与分项工程的人工、材料、机械台班用量。

②当分项工程的设计内容与定额规定的工作内容不一致时，可在定额允许的范围内对定额进行换算，再套取换算后的定额新基价，计算分项工程的直接工程费额与分项工程的人工、材料、机械台班用量。

③如果某分项工程的设计内容无法直接套取现行的定额子目且无法进行定额的调整或换算套取时，此情况属于专业定额缺项，应该编制补充定额项目及对应估价表，并同时报市（地区）工程造价部门审批后执行。

5）根据施工方案中采取的技术措施和施工方法等内容计算技术措施工程量，并正确进行技术措施项目的定额套项。

6）按工料单价法计价（取费）程序计算单位工程取费。

7）进行分项工程的人工、材料、机械台班用量分析，汇总计算单位工程的人工、材料、机械台班总用量。

8）找补单位工程的人工费价差、材料费价差、机械费价差。

9）编写预算编制说明，内容有：

①工程概况：工程名称、建设地点、建筑装饰工程内容。

②施工图样及标准图的情况说明。

③选用的消耗量定额及参考价格以及参考费用标准情况。

④工程设计变更和现场签证的说明。

⑤施工方案中有关内容（影响工程造价）的使用说明。

⑥工程合同中有关内容（影响工程造价）的使用说明。

⑦其他需要说明的问题。

10）填写封面：包括建筑装饰工程名称、施工单位、编制人、审核人、编制日期、预算总价、平方米造价、建筑面积等。

5.2 建筑装饰工程工、料、机用量分析表

工、料、机用量分析表是施工现场编制单位工程劳动力使用计划、材料采购与消耗计划、机械台班使用计划的基本依据，也是找补单位工程人工费价差、材料费价差、机械费价差的计算依据。工、料、机用量分析表的形式由各施工企业自行设计，常见的表格样式见表5-5。

表5-5 工、料、机用量分析表

工程名称：

序号	定额编号	分部分项工程名称（或材料名称）	规格型号	计量单位	工程数量	单位定额	数 量

5.2.1 工、料、机用量分析表的编制步骤

1）按照装饰工程预（结）算书中各分项工程的排列顺序，把各有关分项工程定额编号、名称、计量单位、单位定额和工程数量摘抄到工、料、机分析表中的相应栏内。

2）套取消耗量（计价）分项定额的消耗量指标。从消耗量（计价）定额中查出分项工程所需人工、各种主要材料、机械台班的定额消耗量，抄到工、料、机分析表中相应栏内。

3）计算分项工程人工、主要材料、机械台班用量。将各分项工程量分别与相应人工消耗定额、主要材料消耗定额、机械台班消耗定额相乘，计算出各分项工程人工、主要材料、机械台班的消耗数量。计算时对工程中所使用的各种混凝土、砂浆要按照分项定额中的含量及“混凝土、砂浆配合比表”中混凝土、砂浆等半成品的相应配制材料用量进行二次分析，计算出构成混凝土、砂浆的配制材料消耗数量。

4）计算单位工程人工、主要材料、机械台班总用量。将各分项工程人工、相同材料、相同机械的消耗数量进行合计，计算出单位工程人工、主要材料、机械台班总用量。

5.2.2 工、料、机用量分析计算实例

【例 5-1】××装饰工程的"分部分项工程预（结）算表"见表 5-6，分析计算该工程结算书中所列 3 个分项工程的人工、材料、机械台班用量并进行汇总。

表 5-6 分部分项工程预（结）算表（三项）

工程名称：××装饰工程

序号	定额编号	分部分项工程名称	计量单位	工程量	基价/元	直接工程费/元
		……				
7	A9-28	1:3 水泥砂浆找平层 20mm 厚	$100m^2$	1.20	742.71	891.25
		……				
18	B4-255	铝合金推拉窗安装	$100m^2$	0.50	4664.38	2332.19
19	附录 391 项	铝合金推拉窗主材费	m^2	48.00	150.00	7200.00
		……				
32	A10-66	混凝土柱抹 1:2.5 水泥砂浆	$100m^2$	0.40	1159.74	463.90
33	A10-104	1:2.5 水泥砂浆主材费	m^3	0.888	225.70	200.42
		……				

解　人工、材料、机械台班用量分析计算过程与结果见表 5-7 与表 5-8。

表 5-7 工、料、机用量分析表（三项）

工程名称：××装饰工程

序号	定额编号	分部分项工程名称（或人、材、机名称）	规格型号	计量单位	工程量	单位定额	数量
		……					
7	A9-28	水泥砂浆找平层 20mm 厚		$100m^2$	1.20		
1)		普工		工日	1.20	3.717	4.46
2)		技工		工日	1.20	2.478	2.97
3)		水泥砂浆	1:3	m^3	1.20	2.02	2.424
①	《配合比表》277 项	水泥	32.5 级	kg	2.424	408.00	988.99
②	《配合比表》277 项	粗砂		m^3	2.424	1.03	2.50
③	《配合比表》277 项	水		m^3	2.424	0.30	0.73
4)		素水泥浆		m^3	1.20	0.10	0.12
①	《配合比表》310 项	水泥	32.5 级	kg	0.12	1517.00	182.04
②	《配合比表》310 项	水		m^3	0.12	0.52	0.06
5)		水		m^3	120.00	0.006	0.72
6)		灰浆搅拌机	200L	台班	120.00	0.0034	0.41

（续）

序号	定额编号	分部分项工程名称（或人、材、机名称）	规格型号	计量单位	工程量	单位定额	数量
		……					
18	B4-255	铝合金推拉窗安装		$100m^2$	0.50		
1）		普工		工日	0.50	6.037	3.02
2）		技工		工日	0.50	24.147	12.07
3）		铝合金推拉窗		m^2	0.50	96.00	48.00
4）		合金钢钻头	$\phi10$	个	0.50	62.20	31.10
5）		地脚		个	0.50	500.00	250.00
6）		玻璃胶	350g	支	0.50	47.00	23.50
7）		密封油膏		kg	0.50	36.00	18.00
8）		其他材料费		元	0.50	4.00	2.00
		……					
32	A10-66	柱面抹1:2.5水泥砂浆		$100m^2$	0.40		
1）		普工		工日	0.40	5.685	2.27
2）		技工		工日	0.40	13.253	5.30
3）		素水泥浆		m^3	0.40	0.10	0.04
①	《配合比表》310项	水泥	32.5级	kg	0.04	1517.00	60.68
②	《配合比表》310项	水		m^3	0.04	0.52	0.02
4）		108胶		kg	0.40	2.21	0.88
5）		水		m^3	0.40	0.79	0.32
6）		松厚板		m^3	0.40	0.01	0.004
7）		灰浆搅拌机	200L	台班	0.40	0.37	0.15
33	A10-104	1:2.5水泥砂浆主材费	1:2.5	m^3	0.888		
1）		普工		工日	0.888	0.21	0.19
2）		技工		工日	0.888	0.091	0.08
3）		水泥	32.5级	kg	0.888	490.00	435.12
4）		粗砂		m^3	0.888	1.03	0.91
5）		水		m^3	0.888	0.30	0.27
6）		灰浆搅拌机	200L	台班	0.888	0.125	0.11
		……					

表 5-8 单位工程人工、材料、机械用量汇总表（三项）

工程名称：××装饰工程

序号	统一编号	人工、材料、机械名称	规格型号	计量单位	数 量
1)		普工		工日	9.95
2)		技工		工日	20.34
3)		水泥	32.5 级	kg	1666.83
4)		粗砂		m^3	3.41
5)		水		m^3	2.12
6)		铝合金推拉窗		m^2	47.50
7)		合金钢钻头	$\phi10$	个	31.10
8)		地脚		个	250.00
9)		玻璃胶	350g	支	23.50
10)		密封油膏		kg	18.00
11)		松厚板		m^3	0.004
12)		108 胶		kg	0.88
13)		其他材料费		元	2.00
14)		灰浆搅拌机	200L	台班	0.67

5.2.3 建筑装饰工程价差

建筑装饰工程使用的省（自治区、直辖市）消耗量（计价）定额的定额基价是按某一时期的本地区工人日工日单价标准、《材料预算价格表》《建设工程施工机械台班预算价格表》的预算价格为依据编制的。这些价格与建筑装饰工程施工时的实际市场价格之间都存在单价上的差异，编制建筑装饰工程预算时要进行市场价格与参考价格的价差找补，才能真实反映建筑装饰工程的合理造价。

建筑装饰单位工程价差的找补主要采取按实找差的计算方法。

1. 人工费价差找补的计算公式

$$\text{人工费价差}=\frac{\text{单位工程}}{\text{综合工日数(总用工量)}}\times\left(\frac{\text{市场实际}}{\text{日人工综合单价}}-\frac{\text{本地区工人}}{\text{日工日单价标准}}\right) \tag{5-1}$$

式中，单位工程综合工日数查表 5-4 中的对应数据，市场实际日人工综合单价按该地区工程造价部门规定的价格或劳务市场价格取定，本地区工人日工日单价标准执行当地的规定。

辽宁地区建筑装饰工程的工人日工日单价为：

普工：40 元/工日；技工：65 元/工日，则上述人工费价差找补的计算公式应改为：

$$\text{人工费价差}=\frac{\text{单位工程}}{\text{普工总用工量}}\times\left(\frac{\text{普工的市场}}{\text{实际日综合单价}}-40\right)+\frac{\text{单位工程技工}}{\text{总用工量}}\times\left(\frac{\text{技工的市场实际}}{\text{日综合单价}}-65\right)$$

2. 材料费价差找补的计算公式

$$材料费价差 = \sum\left[\begin{matrix}单位工程中\\某材料用量\end{matrix} \times \left(\begin{matrix}该材料\\市场价格\end{matrix} - \begin{matrix}该材料\\预算价格\end{matrix}\right)\right] \tag{5-2}$$

式中，该材料实际市场价格按该地区月市场平均销售价格（或实际采购发票价格）取定，该材料预算价格查消耗量（计价）定额附录——材料预算价格表确定。

有的地区采用综合系数法进行单位工程材料费价差的找补，该方法适用于一般建筑工程，建筑装饰工程基本上不采取此种找差方法。

3. 机械费价差找补的计算公式

$$机械费价差 = \sum\left[\begin{matrix}单位工程中\\某种机械台班用量\end{matrix} \times \left(\begin{matrix}该种机械实际\\市场台班价格\end{matrix} - \begin{matrix}该种机械台班\\预算价格\end{matrix}\right)\right] \tag{5-3}$$

式中，该种机械实际市场台班价格按该地区月市场平均台班租赁价格（或租赁发票价格）取定，该种机械台班预算价格查本地区《建设工程施工机械台班预算价格表》确定。

5.3 建筑装饰工程施工图预算编制实例

本实例为按照工料单价法（传统定额计价法）编制的“××公司办公室室内装饰工程施工图预算书”，施工图预算书由封皮、编制说明、工程计价取费表、分部分项工程预（结）算表、材料用量分析表（省略表）、单位工程主要材料用量汇总表组成。本预算编制所使用的设计图样见本书附录C的施工图。

1. 预算书封皮

建筑装饰工程预算书

工程名称：	××公司办公室室内装饰工程	建筑面积：	146.87m²
审 定 值：	（元）	报 审 值：	83614.33（元）
建设单位：	（略）	施工单位：	（略）
审核单位：	（略）	审 核 人：	（略）
审 核 人：	（略）	编 制 人：	（略）

××年××月××日

2. 预算书编制说明

编 制 说 明

1）本工程为××公司办公室室内装饰工程，建筑面积为146.87m^2。主要装饰装修工程内容包括：地面工程、墙面工程、天棚工程、门窗工程、油漆与涂料工程、措施项目。

2）本预算书编制所使用的设计图样见附录C的施工图。

3）本预算书根据《辽宁省建筑工程计价定额A》《辽宁省建筑装饰装修工程计价定额B》《2008年辽宁省建设工程取费标准》的规定进行编制。

4）本预算书中的与“已完成品保护费”按定额规定标准计取，“室内空气污染测试费”按本地区实际市场价格估算。

5）本工程使用的一些定额无法套项材料的价格，在预算书中按实际市场价格计算，其制作安装费用已包含在相应市场价格中。

6）预算书中不包括工程设计变更和现场签证的内容。

7）预算总造价中不包括人工费价差、材料费价差、机械费价差的因素，实际发生的市场价差额应在工程结算时按实际情况另行计算。

3. 工程计价取费表

工程计价取费表

序号	费用项目	计算公式	金额/元
1	直接费	67361.16+5363.61	72724.77
1.1	计价定额分部分项工程费	66748.92+612.24	67361.16
A	(其中:人工费+机械费)	12143.25+140.78+158.06	12442.09
1.1.1	直接工程费	Σ(分项工程量×定额基价)	66748.92
1.1.2	技术措施项目费	Σ(技术措施分项工程量×定额基价)	612.24
1.2	措施项目费	1555.26+3808.35	5363.61
1.2.1	安全文明施工措施费	12442.09×12.50%	1555.26
1.2.2	其他措施项目费	870.95+2937.40	3808.35
1.2.2.1	冬雨期施工费	12442.09×7.00%	870.95
1.2.2.2	室内空气污染测试费	146.87×20	2937.40
2	企业管理费	12442.09×12.25%	1524.16
3	利润	12442.09×15.75%	1959.63
4	小计	72724.77+1524.16+1959.63	76208.56
5	规费	99.54+3258.58+1017.76+220.31	4596.19
5.1	工程排污费	12442.09×0.80%	99.54
5.2	社会保障费	12442.09×26.19%	3258.58
5.3	住房公积金	12442.09×8.18%	1017.76
5.4	危险作业意外伤害保险	146.87×1.50	220.31
6	合计(不含税工程造价)	76208.56+4596.19	80804.75
7	税金	80804.75×3.477%	2809.58
8	含税工程造价	80804.75+2809.58	83614.33

4. 分部分项工程预（结）算表

分部分项工程预（结）算表

工程名称：××公司办公室室内装饰工程　　　　（单位：元）

序号	定额编号	分项工程名称	单位	工程量	定额基价	直接工程费	人工费		机械费	
							基价	合价	基价	合价
		一、地面工程								
1	A9-36	大厅、经理室水泥砂浆地面	$100m^2$	1.16	923.07	1070.76	407.86	473.12	32.90	38.16

（续）

序号	定额编号	分项工程名称	单位	工程量	定额基价	直接工程费	人工费		机械费	
							基价	合价	基价	合价
2	B1-80	大厅、经理室地面铺毛毯	100m²	1.16	8329.22	9661.90	2924.68	3392.63		
3	A9-28	卫生间、厨房找平层20mm厚	100m²	0.19	742.71	141.11	309.75	58.86	32.90	6.25
4	A9-30×2	卫生间、厨房找平层减10mm厚	100m²	0.19	-307.60	-58.44	-112.00	-21.28	-17.42	-3.31
5	A7-126	卫生间、厨房SBS防水层	100m²	0.24	4133.83	992.12	704.59	169.10		
6	A9-29	卫生间、厨房找平层20mm厚	100m²	0.19	801.79	152.34	317.65	60.35	40.64	7.72
7	A9-30×2	卫生间、厨房找平层减10mm	100m²	0.19	-307.60	-58.44	-112.00	-21.28	-17.42	-3.31
8	B1-35	卫生间、厨房300mm×300mm地砖	100m²	0.19	5814.09	1104.68	1433.10	272.29	33.87	6.44
9	A9-25	阳台混凝土垫层100mm厚	10m³	0.07	2300.28	161.02	447.58	31.33	170.91	11.96
10	A9-28	阳台找平层20mm厚	100m²	0.07	742.71	51.99	309.75	21.68	32.90	2.30
11	B1-38	阳台600mm×600mm地砖	100m²	0.06	6447.21	386.83	1399.97	84.00	33.87	2.03
12	B2-195	大厅、经理室木夹板基层	100m²	0.06	1817.17	109.03	290.99	17.46		
13	B2-214	大厅、经理室铝塑踢脚板	100m²	0.06	20694.02	1241.64	1531.20	91.87		
		地面工程小计				14956.54		4630.13		68.24
		二、墙柱面工程								
1	B2-173	财务室门上木龙骨	100m²	0.01	2222.65	22.23	560.12	5.60	6.45	0.06
2	B2-215	黄色铝塑板面层	100m²	0.01	19557.70	195.58	1531.20	15.31		
3	B6-71	不锈钢门套线	100m	0.06	918.66	55.12	238.04	14.28		
4	B2-173	经理室墙面木龙骨	100m²	0.11	2222.65	244.49	560.12	61.61	6.45	0.71
5	B2-215	黄色铝塑板面层	100m²	0.01	19557.70	195.58	1531.20	15.31		
6	B6-71	镜面不锈钢门套线	100m	0.12	918.66	110.24	238.04	28.56		
7	B2-197	18mm木夹板基层	100m²	0.11	4736.39	521.00	390.28	42.93		
8	B2-195	3mm夹板面层	100m²	0.08	1818.17	145.45	290.99	23.28		
9	B2-231	亚克力灯片	100m²	0.01	15522.52	155.22	718.52	7.19		
10	B6-75	木装饰线条	100m	0.14	332.36	46.53	123.05	17.23		

（续）

序号	定额编号	分项工程名称	单位	工程量	定额基价	直接工程费	人工费		机械费	
							基价	合价	基价	合价
11	B2-219	黑胡桃木夹板面层	$100m^2$	0.02	5766.85	115.34	1968.56	39.37		
12	B2-173	大厅、办公室墙面木龙骨	$100m^2$	0.11	2222.65	244.49	560.12	61.61	6.45	0.71
13	B2-197	18mm木夹板基层	$100m^2$	0.11	4736.39	521.00	390.28	42.93		
14	B2-195	3mm夹板面层	$100m^2$	0.08	1818.17	145.45	290.99	23.28		
15	B2-215	白色铝塑板面层	$100m^2$	0.10	19557.70	1955.77	1531.20	153.12		
16	B2-215	黄色铝塑板面层	$100m^2$	0.03	19557.70	586.72	1531.20	45.94		
17	B6-71	不锈钢门套线	100m	0.28	918.66	257.22	238.04	66.65		
18	B2-197	18mm木夹板基层	$100m^2$	0.12	4736.39	568.37	390.28	46.83		
19	B2-196	9mm木夹板基层	$100m^2$	0.11	2482.43	273.07	376.50	41.42		
20	B2-197	12mm木夹板基层	$100m^2$	0.01	4736.39	47.36	390.28	3.90		
21	B6-67	镜面不锈钢线条	100m	0.01	961.44	9.61	86.24	0.86		
22	B6-72	铝护角线（50mm）	100m	0.08	1208.29	96.66	253.00	20.24		
23	B2-76	水泥砂浆贴150mm×75mm墙砖	$100m^2$	0.79	16036.14	12668.55	2919.17	2306.14	36.77	29.05
		墙柱面工程小计				19181.05		3083.59		30.53
		三、天棚工程								
1	B3-16	厨房、卫生间天棚木龙骨	$100m^2$	0.19	3935.59	747.76	617.77	117.38	4.26	0.81
2	B3-125	厨房、卫生间长条铝扣板面层	$100m^2$	0.19	9378.57	1781.93	538.57	102.33		
3	B3-129	铝扣板收边线	100m	0.31	661.50	205.07	224.40	69.56		
4	B3-16	大厅吊钢网木龙骨	$100m^2$	0.05	3935.59	196.78	617.77	30.89	4.26	0.21
5	B3-140	天棚钢网面层	$100m^2$	0.05	28042.57	1402.13	538.57	26.93		
6	市场价	50mm×50mm不锈钢方管	m	11.80	45.00	531.00				
7	B6-75	木装饰线条	100m	0.12	332.36	39.88	123.05	14.77		
8	B6-67	不锈钢片	100m	0.12	961.44	115.37	86.24	10.35		
9	B3-16	大厅吊乳化玻璃木龙骨	$100m^2$	0.02	3935.59	78.71	617.77	12.36	4.26	0.09
10	B3-132	乳化玻璃面层	$100m^2$	0.01	8201.82	82.02	1615.67	16.16		
11	B3-258	细木工板灯槽	100m	0.04	1553.23	62.13	522.78	20.91		
12	市场价	50mm×50mm不锈钢方管	m	9.50	45.00	427.50				
13	B6-75	木装饰线条	100m	0.10	332.36	33.24	123.05	12.31		

（续）

序号	定额编号	分项工程名称	单位	工程量	定额基价	直接工程费	人工费		机械费	
							基价	合价	基价	合价
14	B6-67	不锈钢垫片	100m	0.10	961.44	96.14	86.24	8.62		
15	B3-16	大厅圆造型吊乳化玻璃木龙骨	$100m^2$	0.02	3935.59	78.71	617.77	12.36	4.26	0.09
16	B3-132	乳化玻璃面层	$100m^2$	0.01	8201.82	82.02	1615.67	16.16		
17	市场价	40mm×40mm 不锈钢方管	m	5.78	40.00	231.20				
18	B3-74	造型内侧钉3mm木夹板	$100m^2$	0.02	1385.77	27.72	380.17	7.60		
19	B3-92	黑色铝塑板面层	$100m^2$	0.01	16515.88	165.16	712.80	7.13		
20	B3-258	细木工板灯槽	100m	0.04	1553.23	62.13	522.78	20.91		
21	B3-74	造型外侧钉3mm夹板	$100m^2$	0.04	1385.77	55.43	380.17	15.21		
22	B6-75	18mm木夹板条	$100m^2$	0.03	332.16	9.96	123.05	3.69		
23	B3-16	大厅椭圆造型木龙骨	$100m^2$	0.02	3935.59	78.71	617.77	12.36	4.26	0.09
24	B3-21	轻钢龙骨	$100m^2$	0.02	2483.93	49.68	991.32	19.83	8.52	0.17
25	B3-143	灯箱片面层	$100m^2$	0.02	7024.07	140.48	718.07	14.36		
26	市场价	50mm×50mm 不锈钢方管	m	5.34	45.00	240.30				
27	市场价	20mm×20mm 不锈钢方管	m	12.04	20.00	240.80				
28	B3-76	9mm木夹板基层	$100m^2$	0.03	2381.34	71.44	378.24	11.35		
29	B3-92	黑色铝塑板面层	$100m^2$	0.02	16515.88	330.32	712.80	14.26		
30	B3-21	大厅轻钢龙骨(300mm×300mm)	$100m^2$	0.95	2483.91	2359.71	991.32	941.75	8.52	8.09
31	B3-92	黑色铝塑板面层	$100m^2$	0.06	16515.88	990.95	712.80	42.77		
32	B3-84	哈迪板面层	$100m^2$	0.89	2869.96	2554.26	570.24	507.51		
		天棚工程小计				13568.64		2089.79		9.55
		四、门窗工程								
1	B4-98	铝合金平开门（M1）	$100m^2$	0.02	4224.86	84.50	1848.00	36.96		
2	附录389项	铝合金平开门主材费	m^2	2.02	150.00	303.00				
3	B4-9	镶板门框制作（M2）	$100m^2$	0.04	4080.27	163.21	376.57	15.06	86.42	3.46
4	B4-10	镶板门框安装（M2）	$100m^2$	0.04	1670.81	66.83	769.27	30.77	1.49	0.06
5	B4-11	镶板门扇制作（M2）	$100m^2$	0.04	7844.78	313.79	1292.53	51.70	283.05	11.32
6	B4-12	镶板门扇安装（M2）	$100m^2$	0.04	433.14	17.33	433.14	17.33		
7	B4-283	镶板门五金费	10樘	0.20	177.80	35.56				

（续）

序号	定额编号	分项工程名称	单位	工程量	定额基价	直接工程费	人工费		机械费	
							基价	合价	基价	合价
8	B4-107	外安装防盗门（M2）	100m²	0.04	1404.07	56.16	1404.07	56.16		
9	附录351项	防盗门主材费	m²	3.43	400.00	1372.00				
10	B4-21	带百叶镶板门框制作（M3）	100m²	0.04	4080.27	163.21	376.57	15.06	86.42	3.46
11	B4-22	带百叶镶板门框安装（M3）	100m²	0.04	1670.81	66.83	769.27	30.77	1.49	0.06
12	B4-23	带百叶镶板门扇制作（M3）	100m²	0.04	7264.82	290.59	1521.90	60.88	352.62	14.10
13	B4-24	带百叶镶板门扇安装（M3）	100m²	0.04	706.23	28.25	476.17	19.05		
14	B4-293	带百叶镶板门五金费	10樘	0.3	183.60	55.08				
15	B4-266	塑钢窗安装	100m²	0.56	5678.19	3179.79	2069.77	1159.07		
16	附录379项	塑钢窗主材费	m²	53.84	180.00	9691.20				
		门窗工程小计				15887.33		1492.81		32.46
		五、油漆工程								
1	B5-9	镶板木门刷醇酸磁漆	100m²	0.08	3369.32	269.55	2138.40	171.07		
2	B5-193	大厅钢网天棚面层刷清漆	100m²	0.04	777.51	31.10	262.80	10.51		
3	B5-230	大厅天棚圆造型木板真石漆	100m²	0.05	9856.42	492.82	384.90	19.25		
4	B5-216	天棚哈迪板面层刷乳胶漆	100m²	0.89	646.22	575.14	243.30	216.54		
5	B5-215	财务室抹灰墙面刷乳胶漆	100m²	0.35	478.57	167.50	188.64	66.02		
6	B5-215	经理室抹灰墙面刷乳胶漆	100m²	0.38	478.57	181.86	188.64	71.68		
7	B5-215	经理室木夹板墙面刷乳胶漆	100m²	0.08	478.57	38.29	188.64	15.09		
8	B5-60	经理室木夹板墙面刷清漆	100m²	0.02	988.96	19.78	693.84	13.88		
9	B5-230	大厅木板墙面刷灰色真石漆	100m²	0.08	9856.42	788.51	384.90	30.79		
10	B5-215	大厅抹灰墙面刷乳胶漆	100m²	1.14	478.57	545.57	188.64	215.05		

（续）

序号	定额编号	分项工程名称	单位	工程量	定额基价	直接工程费	人工费		机械费	
							基价	合价	基价	合价
11	B5-216	阳台天棚面刷乳胶漆	$100m^2$	0.07	646.22	45.24	243.30	17.03		
		油漆工程小计				3155.56		846.91		
		合　计				66748.92		12143.25		140.78
		六、措施项目								
1	B8-15	地面成品保护	$100m^2$	1.42	285.89	405.96	24.64	34.99		
2	B8-18	内墙面成品保护	$100m^2$	2.99	68.99	206.28	41.16	123.07		
		措施项目小计				612.24		158.06		
		总　计				67361.16		12301.31		140.78

5. 单位工程材料用量分析表

材料用量分析表（省略表）

工程名称：××公司办公室室内装饰工程

序号	定额编号	项目名称	规格	单位	工程量	单位定额	数　量
		一、地面工程					
1	A9-36	大厅经理室水泥砂浆地面		$100m^2$	1.16		
(1)		水泥砂浆	1:2.5	m^3	1.16	2.02	2.34
①	《配合比表》276项	水泥	32.5级	kg	2.34	490.00	1146.60
②	《配合比表》276项	粗砂		m^3	2.34	1.03	2.41
③	《配合比表》276项	水		m^3	2.34	0.30	0.70
(2)		素水泥浆		m^3	1.16	0.1	0.12
①	《配合比表》283项	水泥	32.5级	kg	0.12	1517.00	182.04
②	《配合比表》283项	水		m^3	0.12	0.52	0.06
(3)		草袋子		m^2	1.16	22.00	25.46
(4)		水		m^3	1.16	3.80	4.40
…	……	……	…	…	…	…	…
		五、油漆涂料工程					
…	……	……	…	…	…	…	…
11	B5-216	阳台天棚面刷乳胶漆		m^2	6.89		
(1)		乳胶漆		kg	6.89	0.4326	2.98
(2)		石膏粉		kg	6.89	0.0205	0.14
(3)		大白粉		kg	6.89	0.528	3.64
(4)		砂纸		张	6.89	0.08	0.55
(5)		白布		m	6.89	0.0021	0.01
(6)		滑石粉		kg	6.89	0.1386	0.95
(7)		聚醋酸乙烯乳液		kg	6.89	0.06	0.41
(8)		羟甲基纤维素		kg	6.89	0.012	0.08

特别说明：考虑到本预算书中的项目较多，如果一一列项则会造成“材料用量分析表”页数太多而占用过多的篇幅。因此，在编制“单位工程材料用量分析表”时只对“分部分项工程预（结）算表”中的“第一项”和“最后一项”进行详细的材料用量分析计算列项，其他项目的材料用量分析计算过程省略。

6. 主要材料用量汇总表

单位工程主要材料用量汇总表

工程名称：××公司办公室室内装饰工程

序　号	材料名称	规格型号	计量单位	数　量
1	白水泥		kg	8.87
2	防盗门		m^2	3.57
3	铝合金平开门		m^2	2.00
4	单层塑钢窗		m^2	53.28
5	轻钢龙骨不上人型	300mm×300mm	m^2	99.00
6	哈迪板		m^2	93.84
7	铝塑板		m^2	46.12
8	镜面不锈钢板	8k	m^2	3.58
9	化纤地毯		m^2	119.40
10	地毯烫带		m	76.07
11	木装饰线	19mm×6mm	m	40.81
12	亚克力片		m^2	2.13
13	磨砂玻璃	5mm	m^2	2.31
14	墙面砖	150mm×75mm	m^2	73.16
15	防滑玻化砖	300mm×300mm	m^2	19.59
16	陶瓷地砖	600mm×600mm	m^2	7.06
17	大白粉		kg	134.85
18	H型真石涂料		kg	61.90
19	膨胀螺栓		套	480.00
20	金属压条	10mm×2.50mm	m	23.38
21	锯材		m^3	1.13
22	榉木夹板	3mm	m^2	6.79
23	胶合板	3mm	m^2	57.30
24	胶合板	8mm	m^2	4.33
25	胶合板	9mm	m^2	21.13
26	大芯板（细木工板）		m^2	28.91
27	铝扣板	条形	m^2	19.28
28	铝收口条压条		m	11.36
29	铝收边线		m	31.62
30	不锈钢格栅		m^2	5.10
31	乳胶漆		kg	85.96
32	水泥	32.5级	kg	3036.73
33	水泥	42.5级	kg	178.41
34	粗砂		m^3	6.20

（续）

序号	材料名称	规格型号	计量单位	数量
35	改性沥青乳胶		kg	7.46
36	改性沥青嵌缝油膏		kg	8.37
37	改性沥青卷材	铝箔	m^2	27.73
38	聚氨酯甲料		kg	2.07
39	聚氨酯乙料		kg	3.10
40	一等木板	<18mm	m^3	0.04
41	一等木方	综合	m^3	0.21

5.4 建筑装饰工程施工预算

建筑装饰工程施工预算是施工单位根据设计图样、施工方案或施工组织设计、全国统一装饰工程劳动定额或企业定额和有关资料在装饰工程施工开始前编制的用于项目经理部在施工现场组织施工、进行生产管理、签发班组任务单、实行限额领料、进行工程成本核算的企业内部基础管理文件。它规定了单位工程、分部工程、分项工程施工应消耗的人工、材料、机械台班的数量和相应的费用额。

5.4.1 施工预算编制

施工预算的编制步骤与施工图预算基本相同，但编制依据和编制方法不同。

1. 施工预算的编制依据

1）工程设计图样与相关的标准图集。它是计算施工工程量的主要依据。

2）施工组织设计或施工方案。它是确定工程施工方法、施工措施的主要依据。它对施工现场发生的措施用人工、材料、机械台班的种类和数量都有明确的规定。如搭设什么形式的脚手架（单排、双排、满堂红等）、使用什么品种的材料（木杆、竹竿、钢管、定型式等）搭设脚手架。

3）施工定额或企业定额。这是计算人工和材料用量的依据。

4）劳动力和材料市场价格。它们是计算人工费和材料费的依据。

5）施工图预算书和相应的工程量计算表。用作“两算对比”依据和计算施工工程量的参考依据。

6）施工场地情况。它是计算施工材料二次搬运、拆除工程量、现场平面布置发生费用的依据。

7）其他相关资料。包括施工企业已完工程的竣工资料、新技术、新工艺、新材料的使用说明等资料。

2. 施工预算的编制方法和步骤

施工预算的编制通常采取“实物法”和“定额单价法”两种方法。

（1）“实物法”编制施工预算的方法和步骤　“实物法”又称“实物用量法”，编制施工预算时主要计算人工用量和材料用量。其中人工用量一般按劳动定额（全国统一建筑装饰工程劳动定额或企业劳动定额）的规定计算；材料用量一般根据设计图样的标定数量进行计算，如：门窗的樘数、贴面板的面积等可直接按图样标定的数量计算用量。而对于一些无法根据设计图样的标定数量进行计算的材料品种，如粘贴地砖的实际块料块数，水泥砂浆等半成品中的水泥、中砂的用量等，要根据相应项目材料用量的理论计算公式或试验室给定的配合比数据计算用量。“实物法”编制施工预算步骤如下：

1）根据劳动定额中的项目划分规定分别计算设计图样中的分部分项工程量。在计算工程量前，一定要熟悉并掌握劳动定额的项目规定并正确列项。由于劳动定额的项目划分与消耗量定额的项目设置不同，因此，不能简单地按照消耗量定额进行分项工程的列项。

2）计算人工工日数和人工费、单位工程人工费总额。人工工日数根据全国统一建筑装饰工程劳动定额或企业劳动定额计算，人工费根据劳动力市场价格计算并确定单位工程的人工费总额，计算公式为：

$$\text{分项人工工日数} = \text{分项工程量} \times \text{时间定额} \tag{5-4}$$

$$\text{分项人工费} = \text{分项人工工日数} \times \text{劳动力市场价格} \tag{5-5}$$

$$\text{单位工程人工费总额} = \sum(\text{分项人工费}) \tag{5-6}$$

3）计算分项工程材料用量和材料费、单位工程材料费总额。材料用量一般根据设计图样的标定数量计算或根据相应项目材料用量的理论计算公式或试验室给定的配合比数据计算用量，材料费按市场价格计算，最后计算单位工程的材料费总额，计算公式为：

$$\text{分项材料费} = \sum(\text{某种材料用量} \times \text{该材料市场价格}) \tag{5-7}$$

$$\text{单位工程材料费总额} = \sum(\text{分项材料费}) \tag{5-8}$$

4）进行“两算对比”，找出单位工程施工图预算与施工预算的人工费总额、材料费总额的差距项目与原因。

5）根据对比结果，制定具体的改进措施。

（2）“定额单价法”编制施工预算的方法和步骤　“定额单价法”又称“定额编制法”，它是依据施工定额编制施工预算的方法。编制时严格按照施工定额的项目设置和工程量计算规则进行计算与编制，采用的计算表格同施工图预算表格基本相同。“定额单价法”编制施工预算的步骤如下：

1）根据施工定额的项目设置和工程量计算规则，结合设计图样的具体情况进行工程量计算。计算工程量时要注意与消耗量定额计算规则的不同。

2）进行施工定额套项，计算分项人工用量、分项人工费，计算人工费时要以实际劳务市场价格为依据。

3）进行施工定额套项，计算分项材料用量、分项材料费、单位工程材料费总额，计算材料费时要以实际材料市场价格为依据。

4）进行“两算对比”，找出单位工程施工图预算与施工预算的人工费总额、材料费总额的差距项目与原因。

5）根据对比结果，制定具体的改进措施。

5.4.2 “两算对比”

“两算对比”是将施工图预算的计算值和施工预算对应计算值的结果进行对比，查找出使用量与其对应费用的差距项目与差距原因的过程。根据大量的实践总结可知：施工图预算收入的机械费额与实际支出的机械费额基本持平，因此，对比项目主要是人工费和材料费，对比原则是施工预算值要小于相应的施工图预算值，或者投入量要小于收入量，才能保证工程不发生亏损。

对比方法与步骤如下：

1）进行人工用量的对比，对比结果应为：

$$施工图预算综合工日数量 - 施工预算总用工量 = 正值 \tag{5-9}$$

由于施工图预算的综合工日数量中包括基本用工、辅助用工、超运距用工和人工幅度差用工量的因素，而施工预算的用工量主要计算直接用工因素，因此施工预算用工量要小于施工图预算综合工日数量。

2）进行人工费的对比，对比结果应为：

$$施工图预算人工费 - 施工预算人工费 = 负值 \tag{5-10}$$

由于编制施工图预算的人工单价是地区建筑装饰工程的工人日工日单价，因此要小于实际的地区劳务市场的劳动力价格，甚至地区建筑装饰工程的工人日工日单价仅仅是地区劳务市场实际劳动力价格的三分之二或更低，所以会出现施工预算的人工费额大于施工图预算人工费值的结果。按市场的调查结果分析，人工费超支一般在10～15%范围内是正常的。

人工费的超支额应由材料费的降低额进行抵补。

3）进行材料费的对比，对比结果应为：

$$施工图预算材料费 - 施工预算材料费 = 正值 \tag{5-11}$$

由于施工图预算是以消耗量（计价）定额为依据编制，而消耗量（计价）定额又是按照地区平均水平编制的，地区平均水平的材料消耗量必然大于施工定额的材料消耗量水平，这是材料费节约的主要渠道；加之消耗量（计价）定额中的材料用量包括净用量和损耗量的因素，作为编制消耗量（计价）定额应考虑的损耗量因素也是施工现场材料费节约的另一个主要来源。按市场的调查结果分析，材料费降低额一般应控制在4%～5%的范围内。

进一步讨论上述的分析结果，可以知道：在现行的工程造价计价模式下，材料费占工程总价的60%以上，而人工费仅占10%左右，材料费降低额抵补人工费的超支额后还应有一部分余额，如何采取措施与对策保证并控制这部分余额也正是“两算对比”要达到的真正目的。

小　　结

1. 建筑装饰工程预算书内容一般包括“封面”“编制说明”“单位工程计价（取费）程序表”“分部分项工程预（结）算表”“单位工程人工、材料、机械用量汇总表”及“单位工程价差表”。有特殊要求时需要增加“工程量计算书”和“主要材料价格表”。

2. 建筑装饰工程预算书应按照以下步骤进行编制：1）收集设计图样、相关标准图集、消耗量（计价）定额、《工程费用标准》《施工方案》《工程承包合同》等有关资料，熟悉并掌握上述资料；2）根据设计图样的设计内容及施工顺序或结构特点并结合工程量计算规则计算建筑装饰分项工程量，认真填写工程量计算书；3）套取定额参考单价，计算分项工程的直接工程费与人工费，填写装饰工程预算表，并汇总计算单位工程的直接工程费用额；4）根据施工方案中采取的技术措施和施工方法等内容计算技术措施工程量，并正确进行技术措施项目的定额套项；5）按工料单价法计价程序计算单位工程取费；6）进行分项工程的人工、材料、机械台班用量分析，汇总计算单位工程的人工、材料、机械台班总用量，找补单位工程的人工费价差、材料费价差、机械费价差；7）编写预算编制说明并填写预算封面。

3. 本书按照上述编制步骤及本书附录C的工程设计图样编制了“建筑装饰工程预算实例”，这个实例对于进一步掌握建筑装饰工程预算的编制依据、编制方法、编制步骤及建筑装饰工程预算书的组成内容等做了最实际的演示，对读者会有很大的帮助。

思考题与练习题

5-1 建筑装饰工程施工图预算的主要编制依据有哪些？

5-2 简述建筑装饰工程施工图预算的编制步骤。

5-3 如何理解建筑装饰工程的市场价差？你所在地区如何找补市场价差？与本书的找补方法有哪些相同之处和不同之处？

5-4 施工预算常用的编制方法有几种？各有什么特点？

5-5 什么是“两算对比”？如何正确进行“两算对比”？

5-6 参照书中的“施工图预算编制实例”，结合你所在地区的建筑装饰工程消耗量（计价）定额的规定，对书中的“施工图预算编制实例”进行步骤分析和内容的理解与掌握。

第6章　建筑装饰工程量清单与工程量清单计价的编制

学习目标

通过本章的学习，掌握工程量清单的编制要求、分部分项工程项目清单“五个统一”的含义，各级编码位数、含义，工程量清单计量单位的标准规定，清单工程量的精度要求；掌握楼地面工程，墙柱面工程，天棚工程，门窗工程，油漆、涂料、裱糊工程，其他装饰项目清单工程量计算规则与工程量清单编制方法；掌握措施项目工程量计算规则与措施项目清单编制方法；掌握其他项目清单编制方法；掌握工程量清单计价编制要求及依据；掌握分部分项工程项目清单综合单价的组成；掌握工程量清单投标报价的构成与投标报价的编制方法；了解招标工程量清单标准表格的样式；了解投标工程量清单计价表格的样式；理解建筑装饰工程招标清单实例与建筑装饰工程清单投标报价实例的构成内容与编制顺序。

6.1　工程量清单编制要求及步骤

中华人民共和国住房和城乡建设部公告第1567号《建设工程工程量清单计价规范》（GB 50500—2013）（以下简称《清单计价规范》）及中华人民共和国住房和城乡建设部公告第1567号《房屋建筑与装饰工程工程量计算规范》（GB50854—2013）（以下简称《工程量计算规范》），于2013年7月1日起施行，是统一全国建设工程工程量清单编制与工程量清单计价的标准规范。《清单计价规范》规定：全部使用国有资金投资或国有资金投资为主的工程建设项目，必须采用工程量清单计价。为保证建设工程工程量清单计价活动能够遵循客观、公正、公平的实施原则，建设工程工程量清单计价活动除应遵循《清单计价规范》外，还应符合国家有关法律、法规及标准、规范的规定。

为了保证工程量清单编制的统一原则与规范原则，《清单计价规范》对不同专业工程的工程量清单编制及计算给出详细的规定，并颁发了相应的“国家规范”，分别是：《房屋建筑与装饰工程工程量计算规范》（GB50854—2013）、《仿古建筑工程工程量计算规范》（GB50855—2013）、《通用安装工程工程量计算规范》（GB50856—2013）、《市政工程工程量计算规范》（GB 50857—2013）、《园林绿化工程工程量计算规范）（GB 50858—2013）、《矿山工程工程量计算规范》（GB50859—2013）、《构筑物工程工程量计算规范》（GB50860—2013）、《城市轨道交通工程工程量计算规范》（GB50861—2013）、《爆破工程工程量计算规范》（GB50862—2013）。

6.1.1　工程量清单编制要求及依据

工程量清单是载明建设工程分部分项工程项目、措施项目、其他项目的名称和相应数量以及规费、税金项目等内容的明细清单。

工程量清单由分部分项工程项目清单、措施项目清单、其他项目清单、规费项目清单、税金项目清单组成。

工程量清单必须作为建设工程招标文件的组成部分，其准确性及完整性应由招标人负责。根据《清单计价规范》的规定，工程量清单应由“具有编制能力的招标人或受其委托的具有相应资质的工程造价咨询人编制。”具体的工程量清单编制与核对应由具有相应资格的工程造价专业人员进行编制。

工程量清单是工程量清单计价的基础，应作为编制建设工程招标控制价、投标报价、计算工程量、支付工程款、调整合同价款、办理竣工结算以及工程索赔等的依据。

建筑装饰工程量清单的编制，概括来说，是按照设计图样和施工方案，根据《工程量计算规范》附录A、…、附录S中的“项目统一编码”以及“清单工程量计算规则”等规定进行编制。

1. 工程量清单的编制要求

（1）分部分项工程项目清单的编制要求　分部分项工程项目清单的编制要强调以下八项内容：

1）分部分项工程项目清单必须载明项目编码、项目名称、项目特征、计量单位和清单工程量。

2）分部分项工程量清单应根据《工程量计算规范》附录A、…、附录S中规定的“项目编码”“项目名称”“项目特征”“计量单位”和“清单工程量计算规则”进行编制。

3）分部分项工程量清单的项目编码，应采用12位阿伯数字表示。1～9位应按《工程量计算规范》附录A、…、附录S中规定的统一编码规定设置，10～12位应根据拟建工程的工程量清单项目名称和项目特征由编制人设置，并应自“001”开始，同一招标工程的项目编码不得有重码。

4）分部分项工程项目清单的项目名称应按《工程量计算规范》附录A、…、附录S中规定的“项目名称”并结合拟建工程的实际情况来确定。

5）分部分项工程项目清单的项目特征应按《工程量计算规范》附录A、…、附录S中规定的“项目特征”并结合拟建工程的实际情况予以描述。

6）分部分项工程项目清单的计量单位应按《工程量计算规范》附录A、…、附录S中规定的计量单位确定。

7）分部分项工程项目清单的工程数量应按《工程量计算规范》附录A、…、附录S中规定的工程量计算规则进行计算。

8）编制工程项目清单出现《工程量计算规范》附录A、…、附录S中未包括的项目时，编制人应作补充编码，并报省（自治区、直辖市）或市工程造价部门备案。

补充项目的编码由《工程量计算规范》的代码“01”与“B”和三位阿拉伯数字组成，并从“001”起顺序编制，同一招标工程的补充项目编码不得有重码。如建筑装饰工程的第8项补充编码应为“01B008”。补充编码的项目清单中需附有“项目名称”“项目特征”“计量单位”“工程量计算规则”工程内容。

（2）措施项目清单的编制要求　措施项目清单的编制要强调以下两项内容：

1）措施项目清单应根据拟建工程的实际情况进行列项。

2）措施项目清单应根据《工程量计算规范》附录S的规定执行，具体要求是：

①措施项目中列出了项目编码、项目名称、项目特征、计量单位、工程量计算规则的项目（本规范称为单价措施项目），编制单价措施项目清单时执行分部分项工程项目清单的编制规定。

②措施项目中仅列出了项目编码、项目名称，未列出项目特征、计量单位和工程量计算规则的项目（本规范称为总价措施项目），编制总价措施项目清单时按附录S的规定列出“项目编码”“项目名称”，并应叙述详细的工作内容和范围。

（3）其他项目清单的编制要求 其他项目清单的编制要强调以下两项内容：

1）其他项目清单按“暂列金额”“暂估价（包括材料（工程设备）暂估单价、专业工程暂估价）”“计日工”“总承包服务费”分别列项。

2）出现本款第1）条范围未包括的项目，可根据工程实际情况补充。

（4）规费项目清单的编制要求 规费项目清单的编制要强调以下两项内容：

1）规费项目清单按“工程排污费”“社会保障费（包括养老保险费、失业保险费、医疗保险费、工伤保险费、生育保险费）”“住房公积金”分别列项。

2）出现本款第1）条范围未包括的项目，应根据省级（自治区、直辖市）政府或省级（自治区、直辖市）有关权力部门的规定列项。

（5）税金项目清单的编制要求 税金项目清单的编制要强调以下两项内容：

1）税金项目清单按“营业税”“城市维护建设税”“教育费附加”“地方教育附加”分别列项。

2）出现本款第1）条未列的项目，应根据税务部门的规定列项。

2. 工程量清单的编制规定

（1）分部分项工程项目清单的编制规定 分部分项工程项目清单的编制有五条规定是必须执行的，即“项目编码统一”“项目名称统一”“项目特征统一”“计量单位统一”和“工程量计算规则统一”，通常简称为“五个统一”。

1）项目编码。项目编码是《清单计价规范》要求的“五个统一”之一，编制工程量清单时必须严格按照统一的规定执行。项目编码结构实例如图6-1所示。

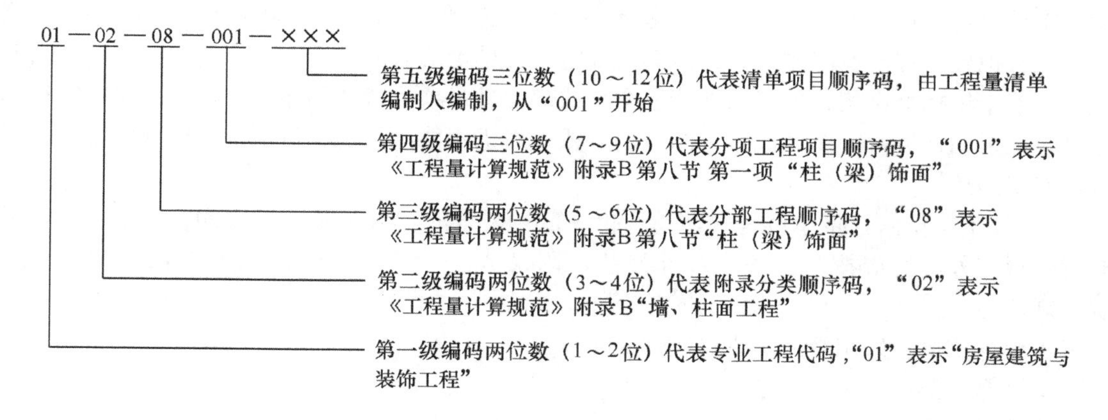

图6-1 清单项目编码结构实例图

工程量清单的项目编码共分五级，用十二位阿拉伯数字表示，各级编码代表的含义如下：第一级编码共两位数(1~2位)，代表专业工程代码，其中：《房屋建筑与装饰工程工程量计算规范》(GB50854—2013)为01；《仿古建筑工程工程量计算规范》(GB50855—2013)为02；《通用安装工程工程量计算规范》(GB50856—2013)为03；《市政工程工程量计算规范》(GB50857—2013)为04；《园林绿化工程工程量计算规范》(GB50858—2013)为05；《矿山工程工程量计算规范》(GB50859—2013)为06；《构筑物工程工程量计算规范》(GB50860—2013)为07；《城市轨道交通工程工程量计算规范》(GB50861—2013)为08；《爆破工程工程量计算规范》(GB50862—2013)为09。第二级编码共两位数(3~4位)代表附录分类顺序码(即《工程量计算规范》附录A、…、附录S的顺序号)；第三级编码共两位数(5~6位)代表分部工程顺序码(即《工程量计算规范》附录A、…、附录S中的某节序号)；第四级编码共三位数(7~9位)代表分项工程项目顺序码(即《工程量计算规范》附录A、…、附录S中某节的某项序号)；第五级编码共三位数(10~12位)代表清单项目顺序编码(由编制人设置，从001开始)。

建筑装饰工程清单项目编码中第一、二、三、四级编码必须按照《工程量计算规范》附录A、…、附录S中的统一规定执行，第五级编码由工程量清单编制人区分具体工程项目特征而分别进行编码(从001开始)，并遵循同一招标工程不得有重复编码的原则。

2）项目名称。项目名称是《清单计价规范》要求的“五个统一”之二，编制工程量清单时要按照《工程量计算规范》附录A、…、附录S中的项目名称并结合拟建工程实体的构造特点等进行命名。

3）项目特征。项目特征是《清单计价规范》要求的“五个统一”之三，工程量清单的项目特征是确定一项清单项目综合单价不可缺少的重要依据。在编制工程量清单时，必须对项目特征进行准确和全面的描述。要按照《工程量计算规范》附录A、…、附录S中的特征条目并结合拟建工程不同的工程部位、施工工艺或使用材料的品种、规格等分别对清单项目进行具体的描述。但有些项目特征用文字往往又难以准确和全面的描述清楚。因此，为达到规范、准确、全面描述项目特征的要求，在描述工程量项目特征时应按以下原则进行：

①项目特征描述的内容应按《工程量计算规范》附录A、…、附录S中的特征条目规定，结合拟建工程的实际进行，并能满足确定综合单价的需要。

②若采用标准图集或施工图样能够全部或部分满足项目特征描述的要求时，项目特征描述可直接采用详见××图集或××图号的方式。对仍不能满足项目特征描述要求的部分，仍应用文字描述。

4）计量单位。计量单位是《清单计价规范》要求的“五个统一”之四，除了各章节另有特殊规定外，均应按《工程量计算规范》附录A、…、附录S中规定的计量单位计量。统一规定为：

①计算质量：采用吨或千克（t、kg）。

②计算体积：采用立方米（m^3）。

③计算面积：采用平方米（m^2）。

④计算长度：采用米（m）。

⑤其他：采用个、套、块、樘、组、台等。

⑥没有具体数量的项目：采用系统、项等。

5）清单工程量计算规则。清单工程量计算规则是《清单计价规范》要求的“五个统一”之五，建筑装饰清单工程量的计算要按照《工程量计算规范》附录A、…、附录S中的“工程量计算规则”计算。“工程量计算规则”与各省（自治区、直辖市）颁发的《消耗量（计价）定额》中的“分部分项工程量计算规则”不同，所以在计算清单工程量前一定要注意计算规则的变化，还要注意清单项目计量单位设置的不同及工程数量有效位数的统一规定。清单工程量的有效位数应遵守下列统一规定：

①以t为计量单位的，保留小数点后三位数字，第四位小数四舍五入。

②以m^3、m^2、m、kg为计量单位的，应保留小数点后两位数字，第三位小数四舍五入。

③以个、套、块、樘、组、台或系统、项等为计量单位的，应取整数。

（2）措施项目清单的编制规定　建筑装饰工程的措施项目清单按《工程量计算规范》附录S中的规定并结合拟建工程应发生的措施项目进行编制，具体规定如下：

①单价措施项目，如脚手架、垂直运输等应采用分部分项工程项目清单的方式编制工程量清单，编制工程量清单时要按照《工程量计算规范》附录S的规定列出项目编码、项目名称、项目特征、计量单位和清单工程量。

②总价措施项目，如安全文明施工、夜间施工、二次搬运等应按照《工程量计算规范》附录S的规定列出“项目编码”“项目名称”，并描述工作内容及范围。

（3）其他项目清单的编制规定　建筑装饰工程的其他项目清单应严格按照拟建工程招标文件中的相关规定进行编制。

其他项目清单包括“其他项目清单”主表和对主表中所列项目进行详细内容描述的附表两种表格。“其他项目清单”主表的项目内容由暂列金额、暂估价、计日工、总承包服务费四部分组成，附表表格的具体项目要按照主表中上述四部分项目的具体内容进行填写，并要与主表中的项目名称、计量单位、数量保持一致。

（4）规费项目清单的编制规定　建筑装饰工程的规费项目清单应严格按照拟建工程所在地省级（自治区、直辖市）政府或省级（自治区、直辖市）相关权力部门的规定进行编制。

规费项目清单内容包括“工程排污费”“社会保障费（包括养老保险费、失业保险费、医疗保险费、工伤保险费、生育保险费）”“住房公积金”。编制清单时应分别列出上述各项内容的计费基数和计费费率（或计算方法）。

（5）税金项目清单的编制规定　建筑装饰工程的税金项目清单应严格按照拟建工程所在地税务部门的规定进行编制。

税金项目清单内容包括“营业税”“城市建设维护税”“教育费附加”“地方教育附加”。编制清单时应分别列出上述各项内容的计费基数和计费费率（或计算方法）。

3. 建筑装饰工程量清单的编制依据

1）《建设工程工程量清单计价规范》（GB50500—2013）。

2）《房屋建筑与装饰工程工程量计算规范》（GB50854—2013）。

3）国家或省（自治区）级行业建设主管部门颁发的计价依据和办法。

4）施工设计图样及其说明、设计修改、变更通知等技术资料。

5）国家有关设计、施工规范和标准。

6）地质勘察报告及工程所在地政府的相关文件、规定等。

7）招标文件及其补充通知、答疑纪要。

8）其他相关资料。

6.1.2 工程量清单的编制步骤

1. 了解招标工程情况，做好准备工作

1）掌握省（自治区、直辖市）、市（地区）的有关文件、有关规定，对属于措施费的项目和内容、其他项目的清单内容、规费项目的清单内容、税金项目的清单内容要清楚。

2）掌握设计图样、标准图集等技术资料，并了解施工现场的具体情况。

3）做好工程量清单数量计算方面的其他准备工作。

2. 进行分部分项清单工程数量的计算

建筑装饰工程的清单工程量具体计算规则详见《工程量计算规范》附录 A、…、附录 S 中各节中具体的“工程量计算规则”的规定。清单工程数量的计算依据是设计图样，除另有规定外，所有分部分项清单项目的工程数量都是以实体工程量为准的。

3. 对分部分项清单工程量进行归类、排序、汇总、编码

计算分部分项清单工程数量后，应按《工程量计算规范》附录 A、…、附录 S 的规定进行工程数量汇总，再进行排序、编码、汇总并编制分部分项工程量清单，在汇总中尽量做到不出现重项、漏项、错项的现象。

4. 编制补充的分部分项工程量清单

根据《清单计价规范》的规定，在编制工程量清单如出现《工程量计算规范》附录 A、…、附录 S 中未包括的项目时，编制人可作相应补充项目编码，并报市（地区）、省（自治区、直辖市）工程造价管理机构备案。

5. 编制措施项目清单

措施项目清单按照“施工方案”或“施工组织设计”中拟使用的施工措施项目编制列项，除了工程正常需要发生的临时设施、脚手架、模板、垂直运输机械等项目外，还有一些是属于根据工程特点需要列出的措施项目，需要造价人员和有关工程技术方面的专业人员根据施工常识和经验研究确定。

6. 编制其他项目清单

其他项目清单的内容如暂列金额、暂估价、计日工、总承包服务费由一些不确定因素或暂定项目组成，编制其他项目清单时需要造价人员和工程技术人员根据招标工程的特点研究确定。

7. 编制规费项目清单

严格按照拟建工程所在地省级（自治区、直辖市）政府或省级（自治区、直辖市）相关权力部门的规定进行编制。

8. 编制税金项目清单

严格按照拟建工程所在地税务部门的规定进行编制。

9. 编写总说明

在完成上述工作后，编写总说明，以便将有关方面的问题、需要说明的共性等问题阐述清楚。

总说明一般包括如下内容：

1）工程概况：包括建设规模、工程特征、计划工期、施工现场实际情况（如三通一平、构件加工等）、自然地理条件、环境保护要求等。

2）工程招标和分包范围，一般说明工程总包、专业分包项目或内容。

3）工程质量、施工过程等的特殊要求。

4）暂列金额的说明、材料暂估价、专业工程暂估价、计日工种类与数量、发包人发包专业工程情况或发包人供应材料品种、数量、价格等的说明。

5）其他需要说明的问题，如施工工艺要求、安全文明施工要求、工程质量目标等。

10. 填写封面

工程量清单封面的填写应按照《清单计价规范》附表（见本书附录A）要求的统一格式逐一进行填写。

6.1.3 工程量清单标准格式

工程量清单格式在《清单计价规范》中规定了统一的标准格式（见本书附录A），由招标工程量清单封面、招标工程量清单扉页、总说明、分部分项工程和单价措施项目清单表、总价措施项目清单表、其他项目清单主表和5个相应附表、规费和税金项目清单表共12种表格组成，每种表格应填写的内容如下：

1. 招标工程量清单封面

封面主要填写工程项目名称、招标人、工程造价咨询人和编制时间。

2. 招标工程量清单扉页

扉页主要填写工程项目名称、招标人、招标人法定代表人、工程造价咨询人、工程造价咨询人法定代表人、编制人、复核人、编制时间、复核时间。

3. 总说明

总说明规定了应该填写的内容主要有五个方面：

1）工程概况：包括建设规模、工程特征、计划工期、施工现场实际情况（如三通一平、构件加工等）、自然地理条件、环境保护要求等。

2）工程招标和分包范围，一般说明工程总包、专业分包项目或内容。

3）工程质量、施工过程等的特殊要求。

4）暂列金额的说明、材料暂估价、专业工程暂估价、计日工种类与数量、总包人发包专业工程情况或总包人供应材料品种、数量、价格等的说明。

5）其他需要说明的问题，如施工工艺要求、安全文明施工要求、施工工期工程质量目标等。

4. 分部分项工程项目和单价措施项目清单表

分部分项工程项目和单价措施项目清单表填写内容包括工程名称、项目序号、项目编码、项目名称、项目特征、计量单位和工程量。

5. 总价措施项目清单表

总价措施项目清单表填写内容包括工程名称、项目序号、项目编码和工作内容。

6. 其他项目清单表

其他项目清单表有其他项目清单主表和附表两种表格形式：

其他项目清单主表填写内容包括序号、项目名称、计量单位、数量。

其他项目清单附表包括暂列金额明细表、材料暂估单价表、专业工程暂估价表、计日工表、总承包服务费表，填写内容包括序号、项目（或工程）名称、计量单位（或计费基数）、数量（或计费费率）。

7. 规费、税金项目清单表

规费、税金项目清单表填写内容包括序号、项目名称、计算基础、费率。

6.2 建筑装饰清单工程量计算规则与工程量清单编制

6.2.1 楼地面装饰工程

1. 清单工程量计算规则

1）楼地面整体面层（清单编码：011101）均按设计图示尺寸以面积计算。扣除突出地面构筑物、设备基础、室内铁道、地沟等所占的面积，不扣除间壁墙和小于等于0.30m² 以内的柱、垛、附墙烟囱及孔洞所占的面积，门洞、空圈、暖气包槽、壁龛的开口部分不增加面积。计算公式为：

楼地面整体面层面积 = 房间净长 × 房间净宽 − 突出地面构筑物、设备基础、室内铁道、地沟等所占的面积 − 0.30m² 以上柱、垛、附墙烟囱及孔洞面积 (6-1)

2）楼地面块料面层（清单编码：011102）按设计图示尺寸以面积计算。门洞、空圈、暖气包槽、壁龛的开口部分并入相应的工程量中。

3）楼地面橡塑面层（清单编码：011103）均按设计图示尺寸以面积计算。门洞、空圈、暖气包槽、壁龛的开口部分并入相应的工程量中。

4）楼地面其他材料面层（清单编码：011104）按设计图示尺寸以面积计算。门洞、空圈、暖气包槽、壁龛的开口部分并入相应的工程量中。

5）踢脚线（清单编码：011105），按设计图示长度乘以高度计算平方米或按设计图示长度计算延长米。

6）楼梯装饰面层（清单编码：011106），按设计图示尺寸以楼梯水平投影面积计算（包括踏步、休息平台及宽度≤500mm 以内的楼梯井面积）。楼梯面层与楼地面相连时，算至梯口梁外侧边沿；无梯口梁者，算至最上一层踏步边沿再加 300mm。计算公式为：

楼梯面层面积 = 楼梯投影长 × 楼梯间宽度 − 宽度 500mm 以上的楼梯井面积 (6-2)

7）台阶装饰面层（清单编码：011107），按设计图示尺寸以台阶水平投影面积计算（算至最上层踏步边沿再加 300mm）。计算公式为：

台阶面层面积 = （台阶水平投影长 + 300mm） × 台阶宽 (6-3)

8）楼地面零星装饰项目（清单编码：011108），均设计图示尺寸以面积计算。

9）其他装饰按下列规定处理：楼梯、阳台、走廊、回廊及其他部位的扶手、栏杆、栏板装饰按上述第 8）条的规定编码列项。

2. 关于本章共性问题的说明

1）零星装饰适用于面积 0.50m² 以内的少量分散的楼地面装饰项目。

2）楼梯、台阶的侧面装饰可按零星装饰项目编码列项。

3）楼地面混凝土垫层应按《工程量计算规范》附录 E.1 垫层项目编码，除混凝土垫层以外的其他垫层材料按《工程量计算规范》附录 D. 4 垫层项目编码。

4）有填充层和隔离层的楼地面往往有两层找平层，在进行清单描述时要加以注意。

5）单跑楼梯不论是否有休息平台，其工程数量与双跑楼梯同样计算。

【例 6-1】 某房间的地面净长 20m，净宽 15m，有一樘入室门，地面由下至上的设计构造如下：

①碎石灌浆 150mm 厚。

②C10 混凝土垫层 60mm 厚。

③1∶3 水泥砂浆找平层 20mm 厚。

④1∶2. 5 水泥砂浆抹面压光 30mm 厚。

⑤墙脚 1∶2 水泥砂浆踢脚线，厚 20mm，高 150mm（门洞宽 900mm，门洞处每边踢脚线宽 80mm）。

编制该地面与踢脚线的招标工程量清单。

解 ①查《工程量计算规范》的 28 页附录 D. 4 知：

碎石灌浆垫层的项目编码为 010404001，计量单位为 m^3，应计算的清单工程量为 $20.00m \times 15.00m \times 0.15m = 45.00m^3$。

②查《工程量计算规范》的 30 页附录 E. 1 知：

混凝土垫层的项目编码为 010501001，计量单位为 m^3，应计算的清单工程量为 $20.00m \times 15.00m \times 0.06m = 18.00m^3$。

③查《工程量计算规范》的 69 页附录 L. 1 知：

水泥砂浆楼地面的项目编码为 011101001，计量单位为 m^2，应计算的清单工程量为 $20.00m \times 15.00m = 300.00m^2$。

④查《工程量计算规范》的 72 页附录 L. 5 知：

水泥砂浆踢脚线的项目编码为 011105001，计量单位为 m^2，应计算的清单工程量为 $[(20.00m + 15.00m) \times 2 - 0.90m + 0.08m \times 2] \times 0.15m = 10.39m^2$。

编制的招标工程项目清单见表 6-1。

表 6-1　分部分项工程项目清单表

工程名称：

序号	项目编码	项目名称	项目特征描述	计量单位	工程数量
1	010404001001	碎石灌浆垫层	碎石灌浆 150mm 厚	m^3	45. 00
2	010501001001	混凝土垫层	C10 混凝土垫层 60mm 厚	m^3	18. 00
3	011101001001	水泥砂浆地面	①1∶3 水泥砂浆找平 20mm 厚 ②1∶2. 5 水泥砂浆抹面压光 30mm 厚	m^2	300. 00
4	011105001001	水泥砂浆踢脚线	1∶2 水泥砂浆踢脚线厚 20mm 高 150mm	m^2	10. 39

3. 楼地面工程清单工程量计算实例

根据《工程量计算规范》附录 A、…、附录 S 及本书附录 C 的施工图进行实例的计算，楼地面工程清单工程量计算书如下：

楼地面工程清单工程量计算书

工程名称：××公司办公室室内装饰工程

序号	项目编码(前9位)与项目名称	计量单位	清单工程量	计算公式
				1. 楼地面工程
1	011104001 大厅经理室财务室地面地毯	m^2	115.91	$115.74+0.85\times0.10\times2$
2	011101001 大厅经理室财务室水泥砂浆砂浆整体面层	m^2	115.74	$(15.27-1.07-0.125-0.10)\times(3.35+1.15-0.125-0.10)+(3.30+2.70+2.20+1.65+0.10-0.05)\times(0.10+1.50+0.50+0.35-0.05)+(1.06-0.05)\times1.50+(0.85+0.10-0.05)\times0.20+\frac{1.26+1.26+0.25}{2}\times0.50-(3.35-0.125)\times(1.65-0.10)-0.60\times0.10-0.55\times0.10+\frac{1.615+1.615+0.185}{2}\times0.50+(3.30-0.05\times2)\times(3.40-0.10-0.05)-0.64\times0.20+(2.70+1.50-0.10-0.05)\times(1.50+0.50+0.35+3.45-0.05-0.10)+\frac{1.91+1.91+0.185}{2}\times0.50-0.40\times0.10$
3	011105006 大厅经理室财务室铝塑板踢脚线	m^2	6.47	$(1.15-0.05+0.10+1.07-0.10+0.10+1.50-1.00-0.10\times2+1.07-0.10\times2+0.50+0.35+0.10-0.05+1.65+0.15+2.20+2.70+3.30+0.05-0.85-0.06\times2-0.05+1.50+0.50+0.35-0.05-0.85-0.06\times2+0.05+1.50+2.70+0.05-0.125+1.15+3.35-0.05-0.125-0.10+0.55-0.05+1.90+0.25+\sqrt{0.25^2+0.25^2}-0.8\times2+1.26+0.6+0.60+0.10+2.70+2.20+0.15-0.70-0.06\times2-0.05+3.35-0.125-0.05+1.075-0.7\times2+1.075+1.65+0.05\times2-0.12-0.70-0.06\times2)\times0.10+(0.10+1.50+0.50+0.35+3.45-0.05-0.85-0.06\times2-0.125+1.50-0.05+0.25+\sqrt{0.25^2+0.185^2}+1.91+0.80+0.45+3.45+0.35-0.4\times2-0.05-0.225+2.70-0.125+0.05-0.70-0.06\times2+0.05+1.50-0.05\times2)\times0.10+(3.45-0.05+0.375+3.30-0.05\times2-0.815+\sqrt{0.25^2+0.185^2}+3.45-0.05-0.125+3.30-0.05\times2-0.85-0.06\times2)\times0.10$
4	011102003 卫生间、厨房地面块料面层	m^2	19.11	$(2.70-0.10-0.05)\times(1.50+0.50-0.05\times2)+(1.65+0.15+2.20-0.10\times2)\times(0.845+0.455+0.56+0.84-0.10\times2)+(1.65-0.10-0.05)\times(3.35-0.125-0.05)$
5	011102003 阳台地面块料面层	m^2	6.89	$\frac{(1.615+1.615+0.515)\times(1.055+0.65-0.8)}{2}+(0.60+2.745+0.65)\times1.1-0.25\times0.65-0.80\times0.70+\frac{0.60+2.745+0.65+1.055}{2}\times0.605$

6.2.2 墙、柱面装饰与隔断、幕墙工程

1. 相关名词解释

1）石材挂贴：将大规格的石材（大理石、花岗岩、青石板材等）使用先挂后灌浆的方

式固定于墙、柱面表面的施工方法。

2）石材干挂：包括直接干挂法和间接干挂法。直接干挂法是通过不锈钢膨胀螺栓、不锈钢挂件、不锈钢钢针等，将石材（大理石、花岗岩、青石板材等）固定在外墙墙面上的施工方法。间接干挂法是先在墙、柱、梁面上固定金属龙骨，再使用各种挂件将石材（大理石、花岗岩、青石板材等）固定在金属龙骨上的施工方法。目前采用比较多的为间接干挂法。

3）嵌缝材料：指镶贴块料的嵌缝砂浆、嵌缝油膏、密封胶水等材料。

4）防护材料：指镶贴块料的石材背面涂刷防碱处理剂和面层涂防酸剂等。

5）基层材料：指面层内的底板材料，如木墙裙、木护墙、木板隔墙等一般在龙骨上粘贴或铺钉一层加强面层的底板。

6）一般抹灰：墙面抹水泥砂浆、混合砂浆、石灰砂浆、石膏砂浆、麻刀灰、纸筋灰等普通抹灰面层。

7）装饰抹灰：墙面抹水刷石、干粘石、斩假石、拉条灰、甩毛灰、仿石和彩色抹灰等高级抹灰面层。

2. 清单工程量计算规则

1）墙面抹灰（清单编码：011201），按设计图示尺寸以面积计算，扣除墙裙、门窗洞口及单个大于0.30m^{2}的孔洞面积，不扣除踢脚线、挂镜线和墙与构件交接处的面积，门窗洞口和孔洞的侧壁及顶面不增加面积。附墙柱、梁、垛、烟囱侧壁并入相应的墙面面积内，并且规定：

①外墙抹灰面积按外墙垂直投影面积计算。

②外墙裙抹灰面积按其长度乘以高度计算。

③内墙抹灰面积按主墙间的净长乘以高度计算，高度规定如下：

a. 无墙裙的，高度按室内楼地面至天棚底面计算。

b. 有墙裙的，高度按墙裙顶至天棚底面计算。

c. 有吊顶天棚的抹灰，高度算至天棚底。

④内墙裙抹灰面积按内墙净长乘以高度计算。

墙面抹灰计算公式为：

墙面抹灰面积 = 墙长 × 墙高 + 附墙柱、梁、垛、烟囱侧壁面积 − 墙裙、门窗洞口面积 − 单个0.30m^{2}以上孔洞面积 (6-4)

2）柱（梁）面抹灰（清单编码：011202），规定如下：

①柱面抹灰按设计图示柱断面周长乘以柱高以面积计算。

②梁面按设计图示梁断面周长乘以长度以面积计算。柱（梁）面抹灰计算公式为：

柱(梁)面抹灰面积 = 设计断面周长 × 柱高(梁长) (6-5)

3）零星抹灰（清单编码：011203），按设计图示尺寸以面积计算。

4）墙面镶贴块料（清单编码：011204），按镶贴表面积计算：其中钢骨架按设计图示尺寸以重量计算。

5）柱面镶贴块料（清单编码：011205），按镶贴表面积计算。柱面镶贴块料计算公式为：

柱面镶贴块料面积 = [柱结构断面长 + 柱结构断面宽 +（砂浆厚度 + 块料厚度）×4] ×2 × 柱高 (6-6)

6）零星镶贴块料（清单编码：011206），按镶贴表面积计算。

7）墙面装饰（清单编码：011207），按设计图示墙净长乘以墙净高以面积计算，扣除门窗洞口及单个大于0.30m^2 的孔洞所占面积。计算公式为：

墙面装饰面积 = 墙净长 × 墙净高 - 门窗洞口面积 - 单个0.30m^2 以上孔洞面积 (6-7)

8）柱面（梁）装饰（清单编码：011208），按设计图示外围装饰面尺寸以面积计算，柱帽、柱墩并入相应柱装饰面工程量内。计算公式为：

柱面装饰面积 = 柱装饰面周长 × 柱净高 + 柱帽和柱墩装饰面积 (6-8)

9）幕墙（清单编码：011209），按设计图示框外围尺寸以面积计算，与幕墙同种材质的窗所占的面积不扣除。全玻璃幕墙，按实际展开面积计算。

10）隔断（清单编码：011210），按设计图示框外围尺寸以面积计算。不扣除单个小于等于0.30m^2 的孔洞所占面积。浴厕门的材质与隔断相同时，门的面积并入隔断面积内。

3. 关于本章共性问题说明

1）零星抹灰和零星镶贴块料面层适用于小面积（0.50m^2 以内）的抹灰和块料面层。

2）设置在隔断、幕墙上的门窗，可在隔墙、幕墙材质相同时，其面积并入隔墙、幕墙面积中。

【例6-2】 某混凝土柱净高3m，结构断面尺寸为800mm×800mm，下部2m高柱面镶贴20mm厚白色理石板，1:2.5水泥砂浆粘结厚度为20mm厚；上部1m高柱面用1:2.5水泥砂浆抹灰20mm厚，刮防水大白3遍，编制柱面装饰的招标工程量清单。

解 ①查《工程量计算规范》的80页附录M.5知：

石材柱面的项目编码为011205001，计量单位为m^2，应计算的清单工程量为(0.80m + 0.03m×2 + 0.02m×2)×4×2.00m = 7.20m^2

②查《工程量计算规范》的78页附录M.2知：

柱面抹水泥砂浆的项目编码为011202001，计量单位为m^2，应计算的清单工程数量为0.80m×4×1.00m = 3.20m^2

③查《工程量计算规范》的90页附录P.7知：

柱面刮防水大白的项目编码为011407001，计量单位为m^2，应计算的清单工程数量为0.80m×4×1.00m = 3.20m^2

④编制的招标工程量清单见表6-2。

表6-2 分部分项工程项目清单表

工程名称：

序号	项目编码	项目名称	项目特征描述	计量单位	工程数量
1	011205001001	柱面贴白色理石板	柱截面尺寸800mm×800mm；柱面贴白色理石板板厚20mm；1:2.5水泥砂浆粘结20mm厚	m^2	7.20
2	011202001001	柱面一般抹灰	截面尺寸800mm×800mm；1:2.5水泥砂浆抹20mm厚	m^2	3.20
3	011407001001	柱面刷喷涂料	混凝土矩形柱面刮防水大白3遍，基层为水泥砂浆	m^2	3.20

4. 墙、柱面工程清单工程数量计算实例

根据《工程量计算规范》附录A、…、附录S及本书附录C的施工图进行实例的计算，墙、柱面工程清单工程量计算书如下：

墙、柱面工程清单工程量计算书

工程名称：××公司办公室室内装饰工程

序号	项目编码(前9位) 与项目名称	计量单位	清单工程量	计算公式
			2. 墙柱面工程	
1	011207001 财务室墙面铝塑板面层	m^2	0.68	0.80×0.85
2	010808004 财务室镜面不锈钢门套	m	5.80	2.90×2
3	011207001 经理室墙面铝塑板面层	m^2	1.17	0.80×0.85+0.70×0.70
4	010808004 经理室墙面不锈钢门套	m	11.40	2.90×2+2.80×2
5	011207001 经理室墙面3mm板面层	m^2	8.49	(0.90+0.40+0.90+0.40+0.90)×2.70−0.40×0.80×3
6	011207001 经理室黑胡桃木夹板	m^2	2.24	0.40×1.00×2+0.30×2×2+0.30×0.40×2
7	011207001 大厅、办公室墙面黄色铝塑板面层	m^2	2.93	0.65×1.00+0.65×0.70+0.85×0.80+0.70×0.65+0.85×0.80
8	010808004 大厅、办公室墙面不锈钢门套	m	28.10	2.75×2+2.90×2+2.90×2+2.75×2×2
9	011207001 大厅、办公室墙面白色铝塑板面层	m^2	10.17	1.75×2.65+0.924×2.80+0.824×2.80+0.80×2×0.40
10	011207001 大厅、办公室墙面3mm夹板面层	m^2	7.85	0.80×2.50×2+0.70×2.75×2
11	011207001 大厅、办公室墙面9mm夹板面层	m^2	6.50	10.50−4.00
12	011502001 大厅墙面阳角金属护角	m	8.00	2.00×2×2
13	011204003 厨房、卫生间墙面墙砖	m^2	78.65	[(1.65+0.15−0.10−0.05)×2+(3.35−0.05−0.125)×2]×2.75−0.70×2.10(M3)+[(2.20+0.15+1.65−0.10−0.125)×2+(0.845+0.455+0.56+0.84)×2]×2.75−0.70×2.10(M3)−2.5×1.38(C3)+[(1.50+0.35−0.05−0.125)×2+(2.70−0.05−0.125)×2]×2.90−0.70×2.10(M3)

6.2.3　天棚工程

1. 清单工程量计算规则

1）天棚抹灰（清单编码：011301），按设计图示尺寸以水平投影面积计算，不扣除间壁墙、附墙柱、垛、烟囱、检查口、管道所占的面积，带梁天棚的梁两侧抹灰面积并入天棚面积内。计算公式为：

$$天棚抹灰面积 = 房间净长 \times 房间净宽 + 梁两侧抹灰面积 \tag{6-9}$$

板式楼梯底面抹灰（使用天棚抹灰编码）按斜面积计算工程量，锯齿形楼梯底面抹灰（使用天棚抹灰编码）按展开面积计算工程量。

2）天棚吊顶（清单编码：011302），按设计图示尺寸水平投影面积计算。天棚中的灯槽及跌级、锯齿形、吊挂式、藻井式天棚面积不展开。不扣除间壁墙、附墙柱、垛、烟囱、检查口、管道所占的面积，扣除单个 $0.30m^2$ 以上的孔洞、独立柱及与天棚相连的窗帘盒所占的面积。计算公式为：

$$天棚吊顶面积 = 房间净长 \times 房间净宽 - 单个0.30m^2以上孔洞面积 - 独立柱面积 - 窗帘盒面积 \tag{6-10}$$

3）采光天棚（清单编码：011303），按框外围展开面积计算。

4）天棚其他装饰（清单编码：011304）：灯带按设计图示尺寸以框外围面积计算；送风口、回风口，按设计图示数量计算。

2. 关于本章共性问题的说明

1）天棚抹灰的基层类型是指现浇混凝土板面、预制混凝土板面、木板条面等。

2）采光天棚的骨架应单独按《工程量计算规范》附录 F 相关编码列项。

【例 6-3】 某房间净长 15m，净宽 10m，中间有一混凝土独立柱（600mm × 600mm）试根据下述两种不同装饰做法编制天棚装饰的招标工程量清单，如图 6-2 所示。

做法 1：天棚抹混合砂浆 20mm 厚，刮大白两遍，刷乳胶漆两遍。

做法 2：天棚轻钢龙骨（不上人型）吊顶，石膏板面层 600mm × 600mm。

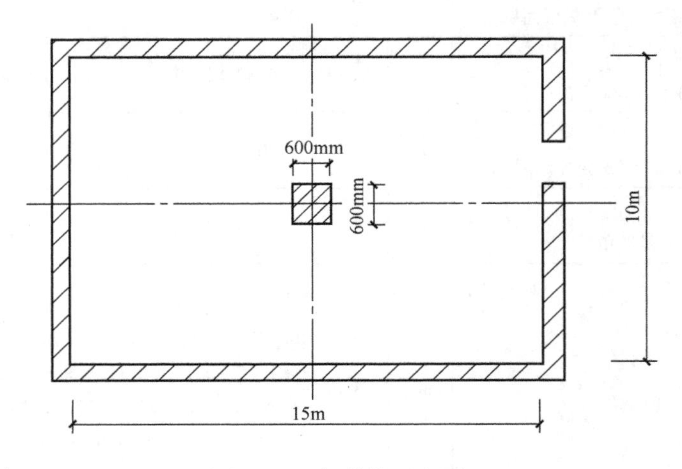

图 6-2 天棚装饰示意图

解 1）做法 1 的招标工程量清单编制。

①查《工程量计算规范》的 84 页附录 N. 1 知：

天棚抹灰的项目编码为 011301001，计量单位为 m^2，应计算的清单工程数量为 $15.00m \times 10.00m = 150.00m^2$

②查《工程量计算规范》的103页附录P.6知：

天棚刮大白、刷乳胶的项目编码为011406001，计量单位为m^2，应计算的清单工程数量为$15.00m \times 10.00m = 150.00m^2$

③编制的招标工程量清单见表6-3。

2）做法2的招标工程量清单编制。

①查《工程量计算规范》的92页附录P.6知：

天棚吊顶的项目编码为011302001，计量单位为m^2，应计算的清单工程数量为$15.00m \times 10.00m - 0.60m \times 0.60m = 149.64m^2$

②编制的招标工程量清单见表6-4。

表6-3　分部分项工程项目清单表

工程名称：

序号	项目编码	项目名称	项目特征描述	计量单位	工程数量
1	011301001001	天棚抹灰	混合砂浆20mm厚，基层为混凝土板	m^2	150.00
2	011406001001	天棚刮大白、刷乳胶	刮大白2遍，基层为混合砂浆；天棚刷乳胶漆2遍，基层为大白	m^2	150.00

表6-4　分部分项工程项目清单表

工程名称：

序号	项目编码	项目名称	项目特征描述	计量单位	工程数量
1	011302001001	天棚吊顶	不上人型轻钢龙骨骨架，面层石膏板600×600mm	m^2	149.64

3. 天棚工程清单工程量计算实例

根据《工程量计算规范》附录A、…、附录S及本书附录C的施工图进行实例的计算，天棚工程清单工程量计算书如下：

天棚工程清单工程量计算书

工程名称：××公司办公室室内装饰工程

序号	项目编码（前9位）及项目名称	计量单位	清单工程量	计算公式
	3. 天棚工程			
1	011302001 卫生间、厨房铝扣板天棚面层	m^2	18.90	$(1.65+0.15+2.20-0.10-0.125)\times(0.845+0.455+0.56+0.84-0.10-0.125)+(1.65-0.10-0.05)\times(3.35-0.125-0.05)+(2.70-0.125-0.05)\times(1.50+0.50-0.05\times2)$
2	011302001 大厅钢网天棚面层	m^2	5.00	$4.10\times(1.85-0.45)-0.40\times1.85$
3	011302001 大厅乳化玻璃天棚面层	m^2	1.19	$(4.10-0.05\times6-0.40)\times0.35$

（续）

序号	项目编码（前9位）及项目名称	计量单位	清单工程量	计算公式
	3. 天棚工程			
4	011302001 大厅圆造型处乳化玻璃天棚面层	m^2	1.05	$\pi/4\times1.155^2$
5	011302001 大厅圆造型外侧铝塑板天棚面层	m^2	0.82	$\pi\times1.30\times0.20$
6	011302001 大厅椭圆造型中心灯箱片天棚面层	m^2	2.03	$\pi\times0.68\times0.95$（中心椭圆面积）
7	011302001 大厅椭圆造型外侧铝塑板天棚面层	m^2	2.47	$\pi\times1.04\times1.30-\pi\times0.90\times0.63$
8	011302001 财务室、经理室铝塑板天棚面层	m^2	5.95	$1.45\times0.30\times2+1.60\times0.30\times2+(1.50+0.85+3.45-0.05-0.125)\times0.30+(3.45+0.35+0.375-0.05)\times0.30+(3.45+0.35+0.225-0.05)\times0.30$
9	011302001 大厅、财务室、经理室哈迪板天棚面层	m^2	89.37	$11.33-1.83+18.69-4.12+80.78-2.03-4.76-1.67-(4.50-0.125-0.05-0.25)\times0.30-(4.50+1.50+0.85-0.225-0.05-0.49)\times0.40-(2.70+1.50+3.30-0.40-0.125)\times0.25-(2.70+2.20+0.15+1.65-0.10-1.12)\times0.30$

6.2.4 门窗工程

1. 清单工程量计算规则

1）木门（清单编码：010801），按设计图示数量计算“樘”数或按设计图示洞口面积计算平方米。

2）金属门（清单编码：010802），按设计图示数量计算“樘”数或按设计图示洞口面积计算平方米。

3）金属卷帘（闸）门（清单编码：010803），按设计图示数量计算“樘”数或按设计图示洞口面积计算平方米。

4）厂库房大门、特种门（清单编码：010804），按设计图示数量计算“樘”数或按设计图示洞口面积计算平方米。

5）其他门（清单编码：010805），按设计图示数量计算“樘”数或按设计图示洞口面积计算平方米。

6）窗（清单编码：010806），按设计图示数量计算“樘”数或按设计图示洞口面积计算平方米。

7）金属窗（清单编码：010807），按设计图示数量计算“樘”数或按设计图示洞口面积计算平方米。

8）门窗套（清单编码：010808），按设计图示数量计算“樘”数或按设计图示尺寸以展开面积计算平方米或按设计长度计算“米”。

9）窗台板（清单编码：010809），按设计图示尺寸以展开面积计算平方米。

10）窗帘盒、窗帘轨（清单编码：010810），按设计图示尺寸以成活后长度计算“米”或按设计图示尺寸以成活后展开面积计算平方米。

2. 关于本章共性问题的说明

1）门窗工程按樘计算工程量时，项目特征必须描述设计洞口尺寸，门窗工程按平方米计算工程量时，项目特征可不描述设计洞口尺寸。

2）门窗按平方米计算工程量时，无设计洞口尺寸的，按门（窗）框外围面积计算。

【例6-4】　某工程的设计门窗表见表6-5，试按“樘”及“平方米”两种计量单位分别计算清单工程量并编制门窗工程的招标工程量清单表。

表6-5　工程设计门窗表

序号	编号	规格$\left(\frac{宽}{mm}\times\frac{高}{mm}\right)$	数量	备　注
1	M1	4200×2950	1	铝合金地弹门,90框料,平板玻璃10mm厚
2	M2	800×2400	8	水曲实木门,执手锁,刷硝基清漆3遍
3	C1	1500×1200	6	塑料窗,实德料80系列,中空玻璃16mm厚
4	C2	1500×1500	10	塑料窗,实德料80系列,中空玻璃16mm厚

解　1）门窗工程按樘计算工程量的招标清单表编制

①查《工程量计算规范》的52页附录H.2知：

金属门的项目编码为010802001，计量单位为樘，清单工程量为1樘；

查《工程量计算规范》的51页附录H.1知：

木门的项目编码为010801001，计量单位为樘，清单工程量为8樘；

查《工程量计算规范》的55页附录H.7知：

塑钢窗的项目编码为010807001，计量单位为樘，清单工程量分别为：C1窗6樘、C2窗10樘。

②编制的招标工程项目清单见表6-6。

表6-6　分部分项工程项目清单表

工程名称：

序号	项目编码	项目名称	项目特征描述	单位	工程数量
1	010802001001	铝合金地弹门制作安装	铝合金地弹门规格4200mm×2950mm；90框料；平板玻璃10mm	樘	1
2	010801001001	水曲实木装饰门制作安装	水曲实木装饰门，规格800mm×2400mm；普通执手锁；刷硝基清漆3遍	樘	8
3	010807001001	塑料窗制作安装	塑料窗规格1500mm×1200mm；实德料80系列；中空玻璃16mm	樘	6
4	010807001002	塑料窗制作安装	塑料窗规格1500mm×1500mm；实德料80系列；中空玻璃16mm	樘	10

2）门窗工程按平方米计算工程量的招标清单表编制

①查《工程量计算规范》的52页附录H.2知：

金属门的项目编码为010802001，计量单位为m^2，清单工程量：$S=4.20m\times2.95m=12.39m^2$；

查《工程量计算规范》的51页附录H.1知：

木门的项目编码为010801001，计量单位为m^2，清单工程量：$S=0.80m\times2.40m\times8=15.36m^2$；

查《工程量计算规范》的55页附录H.7知：

塑钢窗的项目编码为010807001，计量单位为m^2，清单工程量：$S=1.50m\times1.20m\times6+1.50m\times1.50m\times10=33.30m^2$。

②编制的招标工程项目清单见表6-7。

表6-7 分部分项工程项目清单表

工程名称：

序号	项目编码	项目名称	项目特征描述	单位	工程数量
1	010802001001	铝合金地弹门制作安装	90框料;平板玻璃10mm	m^2	12.39
2	010801001001	水曲实木装饰门制作安装	普通执手锁;刷硝基清漆3遍	m^2	15.36
3	010807001001	塑料窗制作安装	实德料80系列;中空玻璃16mm	m^2	33.30

3. 门窗工程清单工程量计算实例

根据《工程量计算规范》附录A、…、附录S及本书附录C的施工图进行实例的计算，门窗工程清单工程量计算书如下：

门窗工程清单工程量计算书

工程名称：××公司办公室室内装饰工程

序号	项目编码（前9位）与项目名称	计量单位	清单工程量	计算公式
	4. 门窗工程			
1	010801001 镶板木门M2	樘	2	按设计数量计算
	010801001 镶板木门M2	m^2	3.57	0.85×2.10×2（按设计洞口面积计算）
2	010801001 带百叶镶板木门M3	樘	3	按设计数量计算
	010801001 带百叶镶板木门M3	m^2	4.41	0.70×2.10×3（按设计洞口面积计算）
3	010802001 铝合金平开门M1	樘	1	按设计数量计算
	010802001 铝合金平开门M1	m^2	2.10	1.00×2.10（按设计洞口面积计算）
4	010807001 塑钢窗C1	樘	2	按设计数量计算
5	010807001 塑钢窗C2	樘	1	按设计数量计算

（续）

序号	项目编码(前9位)与项目名称	计量单位	清单工程量	计算公式
4. 门窗工程				
6	010807001　塑钢窗 C3	樘	1	按设计数量计算
7	010807001　塑钢窗 YC1	樘	1	按设计数量计算
8	010807001　塑钢窗 YC2	樘	1	按设计数量计算
9	010807001　塑钢窗 YC3	樘	1	按设计数量计算
10	010807001　塑钢窗 YC4	樘	1	按设计数量计算
11	010807001　塑钢窗 C1、YC4	m^2	22.91	$0.90\times1.40\times2+1.20\times1.38+2.50\times1.38+1.50\times1.73+1.80\times1.73+2.10\times1.73+2.70\times2.20$（按设计洞口面积计算）

6.2.5　油漆、涂料、裱糊工程

1. 清单工程量计算规则

1）门油漆（清单编码：011401），按设计图示数量计算“樘”数或按设计图示洞口面积计算平方米。

2）窗油漆（清单编码：011402），按设计图示数量计算“樘”数或按设计图示洞口面积计算平方米。

3）木扶手及其他板条、线条油漆（清单编码：011403），按设计图示长度计算。

4）木材面油漆（清单编码：011404）的计算：

①木护墙、木墙裙、木窗台板、木筒子板、木盖板、木门窗套、木踢脚线、清水板条天棚、木檐口、木方格吊顶天棚等木面油漆；吸音板墙面、天棚面油漆及暖气罩油漆均按设计图示尺寸以面积计算。

②木间壁、木隔断、玻璃间壁的露明墙筋油漆及木栅栏木栏杆（带扶手）的油漆，按设计图示尺寸以单面外围面积计算。

③衣柜面、壁柜面、梁柱面及零星木装修面的油漆，按设计图示尺寸以油漆部分展开面积计算。

④木地板油漆、木地板烫硬蜡面，按设计图示尺寸面积计算，空洞、空圈、暖气包槽、壁龛的开口部分并入相应工程量内。

5）金属面油漆（清单编码：011405），按设计图示尺寸以质量计算“t”或按设计图示尺寸以展开面积计算平方米。

6）抹灰面油漆（清单编码：011406）的计算：

①抹灰面油漆按设计图示尺寸以面积计算。

②抹灰线条油漆，按设计图示尺寸以长度计算。

7）喷刷涂料（清单编码：011407）：

①墙面、天棚喷刷涂料按设计图示尺寸以面积计算。

②空花格、栏杆喷刷涂料按设计图示尺寸以单面外围面积计算。

③线条刷涂料，按设计图示尺寸以长度计算。

④金属构件刷防火涂料涂料，按设计图示尺寸以质量计算“t”或按设计图示尺寸以展开面积计算平方米。

⑤木构件刷防火涂料涂料，按设计图示尺寸以面积计算。

8）裱糊（清单编码：011408），按设计图示尺寸以面积计算。

2. 关于本章共性问题的说明

1）门窗油漆按樘计算工程量时，项目特征必须描述设计洞口尺寸。

2）木扶手应区分带托板和不带托板分别编码列项。

3）项目特征描述中的“刮腻子种类”分石膏油腻子（熟桐油、石膏粉、适量水）、胶腻子（大白、色粉、羧甲基纤维素）、漆片腻子（漆片、酒精、石膏粉、适量色粉）、油腻子（矾石粉、桐油、脂肪酸、松香）等；“刮腻子要求”分刮腻子遍数（道数）等。

【例 6-5】 金属窗栏杆由Φ14 钢筋制作（栏杆质量为 542kg），栏杆刷红丹防锈漆一遍、调和漆两遍，编制栏杆油漆的招标工程量清单。

解 ①查《工程量计算规范》的 89 页附录 P. 5 知：

金属面油漆的项目编码为 011405001，计量单位为 t，应计算的清单工程量为 0. 542t。

②编制的招标工程量清单见表 6-8。

表 6-8 分部分项工程量清单

工程名称：

序号	项 目 编 码	项 目 名 称	项目特征描述	计量单位	工程数量
1	011405001001	金属面油漆(窗栏杆)	窗栏杆(Φ14 钢筋制作)；刷红丹防锈漆一遍；刷调和漆两遍	t	0. 542

3. 油漆、涂料、裱糊工程清单工程量计算实例

根据《工程量计算规范》附录 A、…、附录 S 及本书附录 C 的施工图进行实例的计算，油漆、涂料、裱糊工程清单工程量计算书如下：

油漆、涂料、裱糊工程清单工程量计算表

工程名称：××公司办公室室内装饰工程

序号	项目编码(前 9 位)与项目名称	计量单位	清单工程量	计 算 公 式
				5. 油漆、涂料工程
1	011406001 财务室墙面白色乳胶漆	m^2	34. 61	$(3.30-0.05\times2)\times2.80+0.25\times1.63+(1.615+\sqrt{0.25^2+0.185^2})\times0.60-1.80\times1.63$(YC2)$+(3.45+0.375-0.125)\times2.80+(3.30-0.05\times2)\times2.80-0.85\times2.00$(M2)$-0.80\times0.85$(铝塑板)$-2.80\times2\times0.06$(镜面不锈钢)$+(3.45+0.375-0.125)\times2.80$
2	011406001 经理室墙面白色乳胶漆	m^2	37. 89	$(1.50+0.50+0.35+3.45-0.05-0.125)\times2.80-0.85\times2.00$(M2)$+(0.14+0.54+0.50)\times2.70+4.00\times2.70+(1.50+2.70-0.05-0.125+0.10)\times2.80+0.25\times1.72-2.00\times1.73$(YC3)$+(\sqrt{0.185^2+0.25^2}+1.91)\times0.60$

（续）

序号	项目编码（前9位）与项目名称	计量单位	清单工程量	计算公式
5. 油漆、涂料工程				
3	011406001 大厅、办公室墙面白色乳胶漆	m^2	113.78	(1.075+0.10+1.075+1.65+0.05-0.10+1.15-0.05+0.10+1.07-0.10+0.10+1.50-0.10×2+1.07-0.10×2+0.50+0.35+0.10+0.38)×2.65-1.00×2.00(M1)-0.70×2.00(M3)+(10.05+1.50+2.70+0.05-0.125)×2.80-0.85×2.00(M2)+(1.50+0.50+0.35-0.05+0.05+1.50+2.70+0.05-0.125)×2.90+0.852×0.40-0.85×2.80(M2)+(7.45+2.40+0.25+ $\sqrt{0.25^2+0.25^2}$ +1.26+0.2+0.6)×2.80+(2.70+2.20+0.15-0.05)×2.65-2.70×2.10(YC4)-1.50×1.73(YC1)-0.70×2.00(M3)-1.2×1.38(C2窗)
4	011406001 阳台天棚白色乳胶漆	m^2	6.89	$\frac{(1.615+1.615+0.515)\times(1.055+0.65-0.8)}{2}+\frac{0.60+2.745+0.65+1.055}{2}\times0.605+(0.60+2.745+0.65)\times1.10-0.25\times0.65-0.80\times0.70$

6.2.6 其他装饰工程

1. 清单工程量计算规则

1）柜类、货架（清单编码：011501），按设计图示数量计算“个”或按设计图示长度计算“米”或按设计图示尺寸以体积计算“立方米”。

2）压条、装饰线（清单编码：011502），按设计图示尺寸以长度计算。

3）扶手、栏杆、栏板装饰（清单编码：011503），按设计图示尺寸以扶手中心线长度（包括弯头长度）计算，弯头不再单独列项。

4）暖气罩（清单码：011504），按设计图示尺寸以垂直投影面积（不展开）计算。

5）浴厕配件（清单编码：011505）的计算：

①洗漱台按设计图示数量计算“个”或按设计图示尺寸以台面外接矩形面积计算平方米，不扣除孔洞、挖弯、削角所占的面积，挡板、吊沿板面积并入台面面积中。

②晒衣架、帘子杆、浴缸拉手、毛巾杆（架）、毛巾环、卫生纸盒及肥皂盒等按设计图示数量计算。

③镜面玻璃按设计图示尺寸以外框外围面积计算。

④镜箱按设计图示数量以个计算。

6）雨篷、旗杆（清单编码：011506）的计算：

①雨蓬吊挂装饰面层，按设计图示尺寸以水平投影面积计算。

②金属旗杆，按设计数量以根计算。

③玻璃雨蓬，按设计图示尺寸以水平投影面积计算。

7）招牌、灯箱（清单编码：011507）的计算：

①平面、箱式招牌，按设计图示尺寸以正立面边框外围面积计算，复杂形的凸凹造型部分不增加面积。

②竖式标箱、灯箱，按设计数量以个计算。

8）美术字（清单编码：011508），按设计数量以个计算。

2. 关于本章共性问题的说明

1）厨房壁柜和厨房吊柜的划分规定为：嵌入墙内为壁柜，以支架固定的为吊柜。台柜的规格以能分离的成品单体长、宽、高来表示，如一个组合书柜分上下两部分，上部分为敞开式的书柜，下部分为独立的矮柜，可以上、下两部分标注尺寸。

2）美术字不分字体，按字的大小规格分类。

【例 6-6】 某平面广告牌采用木骨架钉胶合板面外刷防火漆一遍、硝基清漆两遍的做法。编制广告牌（广告牌规格为 3200mm×900mm）的招标工程量清单。

解 ①查《工程量计算规范》的 96 页附录 Q. 7 知：

平面广告牌的项目编码为 011507001，计量单位为 m^2，应计算的清单工程量为 $3.20m \times 0.90m = 2.88m^2$。

②编制的招标工程量清单见表 6-9。

表 6-9 分部分项工程量清单

工程名称：

序号	项目编码	项目名称	项目特征描述	计量单位	工程数量
1	011507001001	平面、箱式招牌	木框、胶合板面；外刷防火漆一遍；硝基清漆两遍	m^2	2.88

6.2.7 措施项目清单、其他项目清单编制

1. 措施项目清单

（1）措施项目清单应根据拟建工程的实际情况列项

（2）措施项目清单应根据《工程量计算规范》附录 S 的规定执行

1）措施项目中列出了项目编码、项目名称、项目特征、计量单位、工程量计算规则的项目，本规范称为单价措施项目。编制单价措施项目清单时执行分部分项工程项目清单的编制规定，单价措施项目包括：

①脚手架工程（清单编码：011701）：

a. 满堂脚手架：按搭设的水平投影面积计算平方米。

b. 外装饰吊篮：按所服务对象的垂直投影面积计算平方米。

②混凝土模板及支架（清单编码：011702）：按混凝土构件与模板的实际接触面积计算平方米。

③垂直运输（清单编码：011703）：按建筑面积计算“平方米”或按施工工期日历天数计算“天”。

④超高施工增加（清单编码：011704）：按建筑物超高部分的建筑面积计算平方米。

⑤大型机械设备进出场及安拆（清单编码：011705）；按使用机械设备的数量计算。

⑥施工排水、排水（清单编码：011706）：

a. 成井：按设计的钻孔深度计算延长米。

b. 降水、排水：按排水或降水的日历天数计算“昼夜”。

⑦专业工程的其他措施项目（如装饰专业工程发生的室内空气污染测试费等）。

2）措施项目中仅列出了项目编码、项目名称，未列出项目特征、计量单位和工程量计算规则的项目，本规范称为总价措施项目。编制总价措施项目清单时按附录S的规定列出“项目编码”“项目名称”，并应叙述详细的工作内容和范围，总价措施项目包括：

①安全文明施工（清单编码：011707001）。

②夜间施工费（清单编码：011707002）。

③非夜间施工照明（清单编码：011707003）。

④二次搬运（清单编码：011707004）。

⑤冬雨季施工（清单编码：011707005）。

⑥地上、地下设施、建筑物的临时保护设施（清单编码：011707006）。

⑦已完工程及设施保护（清单编码：011707007）。该项目也可按工程所在地区的具体规定将其编入单价措施项目中。

【例6-7】 假设某装饰工程（建筑面积：1240m^2），主要施工项目包括：天棚吊顶面积640m^2，施工过程中搭设钢管满堂脚手架；外墙面抹水泥砂浆刷涂料600m^2（已扣除铝合金地弹门20m^2、塑钢窗80m^2），施工过程中采用外装饰吊蓝，其他装饰项目（略）。编制该工程的措施项目清单。

解 1）编制单价措施项目清单。

①查《工程量计算规范》的105页附录S.1知：满堂脚手架的项目编码为011701006，计量单位为m^2，应计算的清单工程量为：640m^2。

②查《工程量计算规范》的106页附录S.1知：外装饰吊篮的项目编码为011701008，计量单位为m^2，应计算的清单工程量为：600.00m^2+20.00m^2+80.00m^2=700.00m^2。

③查《工程量计算规范》的108页附录S.3知：垂直运输的项目编码为011703001，计量单位为m^2，应计算的清单工程量为：1240.00m^2。

编制的单价措施项目清单见表6-10。

表6-10 单价措施项目清单表

工程名称：

序号	项目编码	项目名称	项目特征描述	计量单位	工程数量
1	011701006001	满堂脚手架	钢管搭设，高4.20m	m^2	640.00
2	011701008001	外装饰吊篮	人工控制，高10m	m^2	700.00
3	011703001001	垂直运输	框架结构，檐高10m	m^2	1240.00

2）编制总价措施项目清单。

①查《工程量计算规范》的111页附录S.7知：安全文明施工费的项目编码为011707001。

②查《工程量计算规范》的111页附录S.7知：冬雨季施工的项目编码为：011707005。

③查《工程量计算规范》的111页附录S.7知：已完工程及设备保护的项目编码为011707007。

编制的总价措施项目清单见表6-11。

表6-11 总价措施项目清单表

工程名称：

序号	项目编码	项目名称	计算基础	费率（%）	工作内容
1	011707001001	安全文明施工费	按规定	按规定	（按实际发生）
2	011707005001	冬雨季施工	按规定	按规定	（按实际发生）
3	011707007001	已完工程及设备保护	按规定	按规定	（按实际发生）

2. 其他项目清单的编制规定

建筑装饰工程的其他项目清单应严格按照拟建工程招标文件中的相关规定进行编制。

其他项目清单包括“其他项目清单”主表和对主表中所列项目进行详细内容描述的附表两种表格。“其他项目清单”主表的项目内容由暂列金额、暂估价、计日工、总承包服务费四部分组成，附表表格的具体项目要按照主表中上述四部分项目的具体内容进行填写，并要与主表中的项目名称、计量单位、数量保持一致。

【例6-8】 假设某单独装饰工程甲方暂列金属5000.00元；建设过程中甲方拟使用乙方瓦工10个工日、木工15个工日、普工20个工日；拟使用乙方的木工平刨床（450mm）8个台班、使用塔吊（综合）10个台班，编制该工程的其他项目清单。

解 1）编制的其他项目清单表见表6-12。

表6-12 其他项目清单表

工程名称：

序号	项目名称	计量单位	金额/元	备注
1	暂列金额	元	5000.00	
2	暂估价(略)			
3	计日工			
3.1	人工	工日		见计日工表
3.2	材料(略)			
3.3	施工机械	台班		见计日工表
4	总承包服务费(略)			

2）编制的计日工表见表6-13。

表6-13 计日工表

工程名称：

序号	项目名称	计量单位	暂定数量	备注
一	人工			
1	瓦工	工日	10.00	
2	木工	工日	15.00	
3	普工	工日	20.00	

（续）

序号	项目名称	计量单位	暂定数量	备注
二	材料（略）			
三	施工机械			
1	木工平刨床(450mm)	台班	8.00	
2	塔吊	台班	10.00	

3. 措施项目工程量计算实例

实例根据《工程量计算规范》附录S及本书附录C的施工图进行实例的计算，措施项目工程清单工程量计算书如下：

措施项目工程量计算表

工程名称：××公司办公室室内装饰工程

序号	措施项目名称	计量单位	工程量	计算公式
一	单价措施项目			
1	综合脚手架	m^2	146.87	同建筑面积（见P43页）
2	垂直运输	m^2	146.87	同建筑面积（见P43页）
3	地面已完成品保护	m^2	141.74	19.11（防滑地砖）+6.89（阳台地砖）+115.74（地毯面层）
4	内墙面已完成品保护	m^2	299.02	(0.68+1.17+2.93)（黄色铝塑板面层）+(8.49+7.85)（3mm木夹板面层）+0.56（亚克力灯片）+2.24（黑胡桃木夹板面层）+10.17（白色铝塑板面层）+78.65（墙砖面层）+(34.61+37.89+113.78)（乳胶漆面层）
5	室内空气污染测试	m^2	146.87	同建筑面积（见P43页）
二	总价措施项目			
1	安全文明施工	项	1.00	工作内容执行现行国家规范
2	冬雨季施工	项	1.00	工作内容执行现行国家规范

6.2.8 规费与税金项目清单编制实例

1. 规费项目清单

建筑装饰工程的规费项目清单应严格按照拟建工程所在地省级（自治区、直辖市）政府或省级（自治区、直辖市）相关权力部门的规定进行编制。

规费项目清单内容包括“社会保障费（包括养老保险费、失业保险费、医疗保险费、工伤保险费、生育保险费）”“住房公积金”“工程排污费”。编制清单时应分别列出上述各项内容的计费基数和计费费率（或计算方法）。

2. 税金项目清单

建筑装饰工程的税金项目清单应严格按照拟建工程所在地税务部门的规定进行编制。

税金项目清单内容包括“营业税”“城市建设维护税”“教育费附加”“地方教育费附加”。编制清单时应分别列出上述各项内容的计费基数和计费费率（或计算方法）。

【例 6-9】 按辽宁省××市的现行规定编制某装饰工程的规费项目清单和税金项目清单。

解 编制的规费项目清单和税金项目清单见表 6-14。

表 6-14 规费与税金项目清单表

工程名称：

序 号	项 目 名 称	计 算 基 础	费率(%)
1	规费		
1.1	社会保障费	人工费+机械费	26.19
1.2	住房公积金	人工费+机械费	8.18
1.3	工程排污费	人工费+机械费	0.80
1.4	危险作业意外伤害保险	建筑面积(m^2)	1.50 元/m^2
2	税金	分部分项工程费+措施项目费+其他项目费+规费	3.477

6.3 建筑装饰工程量清单计价的编制

建筑装饰工程的工程量清单计价要根据招标工程量清单、统一的工程量清单计价格式、地区的消耗量（计价）定额（或企业定额）及地区行业建设主管部门颁发的计费标准等计算分部分项工程费、措施项目费、其他项目费、规费、税金，汇总后形成工程总造价。

6.3.1 工程量清单计价的编制要求及依据

1. 工程量清单计价的编制要求

1）国有资金投资或国有资金控股的建设工程项目、招标人必须编制招标控制价。

2）实行工程量清单计价招标投标的建设工程，其招标标底、投标报价的编制，合同价款的确定与调整，工程竣工结算都应执行《清单计价规范》的有关规定。

3）工程量清单计价是按招标文件规定完成工程量清单所列项目的全部费用，包括分部分项工程费、措施项目费、其他项目费、规费和税金。

4）分部分项工程量清单计价应采用综合单价计价，综合单价中包括完成规定计量单位清单项目所需的人工费、材料费、机械使用费、管理费和利润，并应考虑风险因素。

5）措施项目清单的计价，应根据拟建工程的施工方案或施工组织设计计算。计算措施项目费时要注意下述问题：

①措施项目中列出了项目编码、项目名称、项目特征、计量单位、工程量计算规则的项目时，本规范称为单价措施项目。单价措施项目清单的计价应按分部分项工程项目清单计价的方式采用综合单价计价。

②措施项目中仅列出了项目编码、项目名称，未列出项目特征、计量单位和工程量计算规则的项目，本规范称为总价措施项目。总价措施项目可以以“项”作为计量单位进行计

价，计价中应包括除规费、税金外的全部费用。

③措施项目清单中的安全文明施工费应按照国家或省（自治区、直辖市）级行业建设主管部门的规定计价，不得作为竞争性费用。

6）其他项目清单的计价规定：

①招标人的暂列金额应根据拟建工程的特点，按有关计价规定估算；投标人的暂列金额应按招标人在其他项目清单中列出的金额填写。

②招标人暂估价中的材料单价应根据工程造价信息或参照市场价格估算，投标人暂估价中的材料单价应按招标人在其他项目清单中列出的单价填写；招标人暂估价中的专业工程造价总额应区分不同专业工程，按有关计价规定估算；投标人的专业工程暂估价应按招标人在其他项目清单中列出的金额填写。

③招标人的计日工应根据拟建工程的特点和有关计价依据计算项目和数量；投标人的计日工计价应按招标人在其他项目清单中列出的项目和数量计算，并自主确定综合单价后计算计日工费用。

④总承包服务费应根据招标文件列出的内容和提出的要求自主确定。

7）规费和税金按照国家或省（自治区、直辖市）级行业建设主管部门的规定计价，不得作为竞争性费用。

8）清单工程量变更需调整综合单价时，按下述办法确定。

①合同中已有适用的综合单价，按合同中已有的综合单价确定。

②合同中已有类似的综合单价，参照类似的综合单价确定。

③合同中没有适用的或类似的综合单价，其清单综合单价由承包人提出，经发包人确认后执行。

2. 工程量清单计价的编制依据

1）《建设工程工程量清单计价规范》（GB50500—2013）。

2）《房屋建筑与装饰工程工程量计算规范》（GB50854—2013）。

3）招标文件中的工程量清单及有关要求。

4）国家或省（自治区、直辖市）颁发的计价定额（或企业定额）和计价方法。

5）施工设计图样及相关设计资料。

6）与建设项目相关的设计、施工规范和标准、地质勘测报告。

7）施工方案或施工组织设计的相关内容。

8）工程造价管理机构发布的工程造价信息。

9）其他的相关资料。

3. 工程量清单投标计价的编制原则

1）投标人在投标报价中填写的工程量清单的项目编码、项目名称、项目特征、计量单位、清单工程量必须与招标人招标文件中提供的一致。

2）投标报价的人工费、材料费、机械台班单价与企业管理费、利润的取费费率，由投标人根据企业定额价格或参照省（自治区、直辖市）消耗量（计价）定额、省（自治区、直辖市）建设工程费用标准并结合企业自身的实力自主确定。投标人在综合单价中对工程施工过程中的风险要认真考虑。

3）投标报价中的安全文明施工费、规费应按国家或省（自治区、直辖市）行业主管部门的规定费用标准计价，税金要按税务部门的规定进行计价，并不得作为竞争性费用。

4）投标人的投标报价不得超出招标人发布的招标控制价范围更不得低于本企业的施工成本价格。

4. 建筑装饰工程的工程量清单计价格式

建筑装饰工程的工程量清单计价表在《清单计价规范》中给出，规定了17种统一的表格形式（见本书附录B），具体内容为：投标总价封面；投标总价扉页；工程计价总说明；工程项目计价汇总表；单项工程投标报价汇总表；单位工程投标报价汇总表；分部分项工程项目和单价措施项目清单计价表；分部分项工程项目清单综合单价分析表；总价措施项目清单计价表；其他项目清单计价汇总表；暂列金额明细表；材料暂估单价表；专业工程暂估价表；计日工表；总承包服务费计价表；规费、税金项目清单计价表；承包人提供主要材料和设备一览表。

6.3.2 工程量清单计价的造价构成

1. 工程量清单综合单价构成

工程量清单综合单价包括完成规定计量单位清单项目所需的人工费、材料费、机械使用费、管理费和利润，并应考虑风险因素后进行确定。

2. 工程量清单计价方式的单位工程造价构成

1）分部分项工程费 = Σ（分部分项清单工程量 × 相应清单综合单价）

2）措施项目费 = 单价措施项目费 + 总价措施项目费

①单价措施项目费 = Σ（单价措施项目清单工程量 × 相应单价措施项目综合单价）

②总价措施项目费应按工程所在地政府部门的相关文件执行

3）其他项目费 = 暂列金额 + 暂估价 + 计日工费 + 总承包服务费

4）规费 = 社会保障费 + 住房公积金 + 工程排污费

5）税金 = （分部分项工程费 + 措施项目费 + 其他项目费 + 规费） × 税率

6）单位工程造价 = 分部分项工程费 + 措施项目费 + 其他项目费 + 规费 + 税金

3. 工程量清单计价过程表（表6-15）

表6-15 工程量清单计价过程表

序号	名称	计算方法
一	单位工程分部分项工程费	Σ（分部分项清单工程数量 × 相应清单综合单价）
二	单位工程措施项目费	单价措施项目费 = Σ（单价措施清单工程数量 × 相应综合单价） 总价措施项目费应按工程所在地政府部门的相关文件执行
三	单位工程其他项目费	暂列金额 + 暂估价 + 计日工费 + 总承包服务费
四	单位工程规费	工程排污费 + 社会保障费 + 住房公积金
五	合计	一 + 二 + 三 + 四
六	单位工程税金	五 × 税率
七	单位工程造价	五 + 六
八	单项工程造价	Σ（单位工程造价）
九	工程项目总价	Σ（单项工程造价）

6.3.3 工程量清单计价的编制例题

1. 分部分项工程项目清单计价的编制实例

【例6-10】 某房间大理石楼面面层（设计面积：160.50m^2）由下至上的设计构造做法为：

1）刷素水泥浆一遍。

2）1:3 水泥砂浆找平层20mm厚。

3）1:2 水泥砂浆30mm厚粘接层。

4）铺深米色天然大理石板（800mm×800mm×20mm）（不拼花）。

按现行《计价定额》，管理费取人工费与机械费和的12.25%，利润取人工费与机械费和的15.75%，计算该房间大理石楼面的投标清单综合单价（不考虑风险因素），并编制清单投标报价表。

解 1）查《工程量计算规范》的70页附录L.2知：

大理石板楼面的项目编码为011102001，计量单位为m^2；应计算的招标清单工程量为160.50m^2。

根据《工程量计算规范》的70页附录L.2“项目特征”与“工程内容”知构成该项清单计价的定额项目及应计算的定额工程量情况如下：

①1:3 水泥砂浆找平层20mm厚：《计价定额A》9-28项，工程量 S = 160.50m^2。

②1:2 水泥砂浆粘接天然大理石板：《计价定额B》1-22项，工程量 S = 160.50m^2。

2）套取定额基价并计算清单综合单价构成，见表6-16。

表6-16 工程量清单综合单价计价构成表

工程名称：

项目编码	011102001001	项目名称	大理石楼面		计量单位	m^2	工程数量	160.50	
清单综合单价计算过程									
序号	定额号	定额名称	单位	数量	人工费	材料费	机械费	管理费	利润
①	A9-28	1:3 水泥砂浆找平层20mm厚	100m^2	1.61	309.75	400.06	32.90		
					498.70	644.10	52.97		
②	B1-22换	1:2 水泥砂浆粘接大理石板	100m^2	1.61	1248.97	14522.61	50.32		
					2010.84	23381.40	81.02		
小 计					2509.54	24025.50	133.99	323.83	416.36
清单综合单价	170.77元/m^2		其中：		15.64	149.69	0.83	2.02	2.59

注：1. 分项定额套项行的上一行数字（分子数字）为该项定额子目的分项定额基价。

2. 分项定额套项行的下一行数字（分母数字）为分项定额基价与分项工程量的对应乘积数。

3. 小计行中的“人工费小计、材料费小计、机械费小计”为表中同列“对应乘积数”的和；管理费额为“人工费+机械费”乘以12.25%，利润额为“人工费+机械费”乘以15.75%。

4. 清单综合单价行“其中”的“人工费单价”“材料费单价”“机械费单价”“管理费单价”“利润单价”分别为“小计行的对应数值与清单工程数量的比值”，清单综合单价为上述5项单价的和（以后不再赘述）。

3）工程量清单投标报价表及清单综合单价分析表分别见表6-17、表6-18。

表6-17 工程量清单投标报价表

工程名称：

序号	项目编码	项目名称	项目特征描述	计量单位	工程数量	综合单价	合价
1	011102001001	深米色天然大理石楼面	1∶3水泥砂浆找平层20mm厚；1∶2水泥砂(30mm厚)浆粘接大理石板(20mm厚)	m^2	160.50	170.77	27408.59

表6-18 清单综合单价分析表

工程名称：

序号	项目编码	项目名称	计量单位	工程量清单综合单价构成					
				人工费	材料费	机械费	管理费	利润	综合单价
1	011102001001	深米色大理石楼面	m^2	15.64	149.69	0.83	2.02	2.59	170.77

【例6-11】 某房间现浇彩色水磨石地面面层（设计面积：$212.13m^2$）由下至上的设计构造做法为：

1）砾石灌浆150mm厚。

2）C10-40碎石混凝土垫层60mm厚。

3）1∶3水泥砂浆找平层20mm厚。

4）1∶2.5现浇彩色水磨石地面20mm厚，采用3mm玻璃分格（600mm×600mm）。

按现行（计价定额），管理费取人工费与机械费和的12.25%，利润取人工费与机械费和的15.75%，计算该彩色水磨石地面的投标清单综合单价（不考虑风险因素），并编制清单投标报价表。

解 1）查《工程量计算规范》的28页附录D.4知：

砾石灌浆垫层的项目编码为010404001，计量单位为m^3；应计算的招标清单工程量为$212.13m^2\times0.15m=31.82m^3$。

根据《工程量计算规范》的28页附录D.4“项目特征”与“工程内容”知构成该项清单计价的定额项目及应计算的定额工程量情况如下：

砾石灌浆垫层150mm厚：《计价定额A》9-13项，工程量$V=212.13m^2\times0.15m=31.82m^2$。

2）查《工程量计算规范》的30页附录E.1知：

C10-40碎石混凝土垫层的项目编码为010501001，计量单位为m^3；应计算的招标清单工程量为$212.13m^2\times0.06m=12.73m^3$。

根据《工程量计算规范》的30页附录E.1“项目特征”与“工程内容”知构成该项清单计价的定额项目及应计算的定额工程量情况如下：

C10混凝土垫层：《计价定额A》9-21项，工程量$V=212.13m^2\times0.06m=12.73m^3$

3）查《工程量计算规范》的69页附录L.1知：

现浇彩色水磨石地面的项目编码为011101002，计量单位为m^2；应计算的招标清单工程量为212.13m^2。

根据《工程量计算规范》的69页附录L.1“项目特征”与“工程内容”知构成该项清单计价的定额项目及应计算的定额工程量情况如下：

①1∶3水泥砂浆找平层：《计价定额A》9-28项，工程量$S=212.13m^2$。

②现浇彩色水磨石地面20mm厚：《计价定额B》1-4项，工程量$S=212.13m^2$。

4）套取定额基价并计算各项清单综合单价构成见表6-19。

表6-19 工程量清单综合单价计价构成表

工程名称：

项目编码	010404001001	项目名称	砾石灌浆垫层		计量单位	m^3	工程数量	31.82	
清单综合单价计算过程									
序号	定额号	定额名称	单位	数量	人工费	材料费	机械费	管理费	利润
①	A9-13	砾石灌浆150mm厚	$10m^3$	3.18	297.76	984.79	51.92		
					946.88	3131.63	165.11		
小计					946.88	3131.63	165.11	136.22	175.14
清单综合单价	143.15元/m^3	其中：			29.76	98.42	5.19	4.28	5.50
项目编码	010501001001	项目名称	C10碎石混凝土垫层		计量单位	m^3	工程数量	12.73	
清单综合单价计算过程									
序号	定额号	定额名称	单位	数量	人工费	材料费	机械费	管理费	利润
①	A9-21换	C10-40碎石混凝土垫层60mm厚	$10m^3$	1.27	447.58	1709.77	170.91		
					568.43	2171.40	217.06		
小计					568.43	2171.40	217.06	96.22	123.71
清单综合单价	249.55元/m^3	其中：			44.65	170.57	17.05	7.56	9.72
项目编码	011101002001	项目名称	水磨石地面面层		计量单位	m^2	工程数量	212.13	
清单综合单价计算过程									
序号	定额号	定额名称	单位	数量	人工费	材料费	机械费	管理费	利润
①	A9-28	1∶3水泥砂浆找平层20mm厚	$100m^2$	2.12	309.75	400.06	32.90		
					656.67	848.13	69.75		
②	B1-4	1∶2.5水磨石地面20mm厚	$100m^2$	2.12	4935.73	3257.21	673.02		
					10463.75	6905.29	1426.80		
小计					11120.42	7753.42	1496.55	1545.58	1987.17
清单综合单价	112.68元/m^2	其中：			52.42	36.55	7.05	7.29	9.37

5）工程量清单投标报价见表 6-20。

表 6-20 工程量清单投标报价表

工程名称：

序号	项目编码	项目名称	项目特征描述	计量单位	工程数量	综合单价	合价
1	010404001001	砾石灌浆垫层	砾石灌浆 150mm 厚	m^3	31.82	143.15	4555.03
2	010501001001	碎石混凝土垫层	C10 碎石砼垫层 60mm 厚	m^3	12.73	249.55	3176.77
3	011101002001	水磨石地面	1:3 水泥砂浆找平层 20mm 厚;1:2.5 现浇水磨石地面 20mm 厚,3mm 玻璃分格(600×600mm)	m^2	212.13	112.68	23902.81

6）清单综合单价分析表见表 6-21。

表 6-21 清单综合单价分析表

工程名称：

序号	项目编码	项目名称	单位	工程量清单综合单价构成					
				人工费	材料费	机械费	管理费	利润	综合单价
1	010404001001	砾石垫层	m^3	29.76	98.42	5.19	4.28	5.50	143.15
2	010501001001	混凝土垫层	m^3	44.65	170.57	17.05	7.56	9.72	249.55
3	011101002001	水磨石地面	m^2	52.42	36.55	7.05	7.29	9.37	112.68

【例 6-12】 某砖外墙面（设计面积为 87.70m^2）的装饰由内至外的设计做法为：

1）墙面抹水泥砂浆 20mm 厚。

2）外墙面刷多彩花纹涂料。

按现行《计价定额》，管理费取人工费与机械费和的 12.25%，利润取人工费与机械费和的 15.75%，计算外墙面装饰的投标清单综合单价（不考虑风险因素），并编制清单投标报价表。

解 1）查《工程量计算规范》的 77 页附录 M.1 知：

墙面抹水泥砂浆的项目编码为 011201001，计量单位为 m^2，应计算的清单工程量为 87.70m^2。

根据《工程量计算规范》的 71 页附录 M.1 “项目特征” 与 “工程内容” 知，构成该清单计价的定额项目及应计算的定额工程量情况如下：

墙面抹水泥砂浆 20mm：

①《计价定额 A》10-20 项，工程量 $S=87.70m^2$；

②《计价定额 A》10-104 项，1∶2.5 水泥砂浆量 $V=(0.69\times0.877)m^3=0.61m^3$；

③《计价定额A》10-105项，1:3水泥砂浆量 $V=(1.62\times0.877)\mathrm{m}^3=1.42\mathrm{m}^3$。

2）再查《工程量计算规范》的90页附录P.7知：

喷刷涂料的项目编码为011407001，计量单位为m²，应计算的清单工程量为87.70m²。

根据《工程量计算规范》的90页附录P.7“项目特征”与“工程内容”知，构成该清单计价的定额及应计算的定额工程量情况如下：

外墙面刷多彩涂料：《计价定额B》5-256项，工程量 $S=87.70\mathrm{m}^2$。

3）套取定额基价并计算清单综合单价构成，见表6-22。

表6-22　工程量清单综合单价计价构成表

工程名称：

项目编码	011201001001	项目名称	墙面抹水泥砂浆	计量单位	m²	工程数量	87.70		
清单综合单价计算过程									
序号	定额号	定额名称	单位	数量	人工费	材料费	机械费	管理费	利润
①	A10-20	墙面抹水泥砂浆	100m²	0.88	733.12	18.82			
					645.15	16.56			
②	A10-104	1:2.5水泥砂浆主材费	m³	0.61	14.32	199.28	12.10		
					8.74	121.56	7.38		
③	A10-105	1:3水泥砂浆主材费	m³	1.42	14.32	174.68	12.10		
					20.33	248.05	17.18		
小　计					674.22	386.17	24.56	85.60	110.06
清单综合单价	14.60元/m²	其中：			7.69	4.40	0.28	0.98	1.25
项目编码	011407001001	项目名称	墙面喷刷涂料	计量单位	m²	工程数量	87.70		
清单综合单价计算过程									
序号	定额号	定额名称	单位	数量	人工费	材料费	机械费	管理费	利润
①	B5-256	墙面喷刷涂料	100m²	0.88	267.07	1957.50			
					235.02	1722.60			
小　计					235.02	1722.60		28.79	37.02
清单综合单价	23.07元/m²	其中：			2.68	19.64		0.33	0.42

4）工程量清单投标报价表及清单综合单价分析表分别见表6-23、表6-24。

表6-23　工程量清单投标报价表

工程名称：

序号	项目编码	项目名称	项目特征描述	计量单位	工程数量	综合单价	合价
1	011201001001	墙面一般抹灰	墙面抹水泥砂浆20mm	m²	87.70	14.60	1280.42
2	011407001001	墙面刷喷涂料	外墙面刷多彩花纹涂料，水泥砂浆基层	m²	87.70	23.07	2023.24

表 6-24 清单综合单价分析表

工程名称：

序号	项目编码	项目名称	单位	工程量清单综合单价构成					
				人工费	材料费	机械费	管理费	利润	综合单价
1	011201001001	墙面抹灰	m^2	7.69	4.40	0.28	0.98	1.25	14.60
2	011407001001	墙面刷涂料	m^2	2.68	19.64		0.33	0.42	23.07

【例 6-13】 某宾馆大厅的天棚采用轻钢龙骨石膏板吊顶面层（设计面积为 90.99m^2），由上至下的设计构造做法为：

1）天棚轻钢龙骨（不上人型）。

2）石膏板面层，规格 600mm×600mm。

按现行《计价定额》，管理费取人工费与机械费和的 12.25%，利润取人工费与机械费和的 15.75%，计算外墙面装饰的投标清单综合单价（不考虑风险因素），并编制清单投标报价表。

解 1）查《工程量计算规范》的 84 页附录 N.2 知：

轻钢龙骨石膏板吊顶的清单编码为 011302001，计量单位为 m^2，应计算的清单工程量为 90.99m^2。

根据《工程量计算规范》的 84 页附录 N.2 "项目特征"与"工程内容"知，构成该清单计价的定额项目及应计算的定额工程量情况如下：

①天棚轻钢龙骨吊顶（不上人型）：《计价定额 B》3-25 项，工程量 S=90.99m^2。

②石膏板面层（规格 600mm×600mm）：《计价定额 B》3-97 项，工程量 S=90.99m^2。

2）套取定额基价并计算清单综合单价构成，见表 6-25。

表 6-25 工程量清单综合单价计价构成表

工程名称：

项目编码	011302001001	项目名称	轻钢龙骨吊顶	计量单位	m^2	工程数量	90.99

清单综合单价计算过程

序号	定额号	定额名称	单位	数量	人工费	材料费	机械费	管理费	利润
①	B3-25	天棚轻钢龙骨吊顶	100m^2	0.91	852.73	1114.18	8.52		
					775.98	1013.90	7.75		
②	B3-97	石膏板面层	100m^2	0.91	570.24	1198.00			
					518.92	1090.18			
小 计					1294.90	2104.08	7.75	159.57	205.17
清单综合单价		41.44 元/m^2	其中：		14.23	23.12	0.09	1.75	2.25

3）工程量清单投标报价表及清单综合单价分析表分别见表 6-26、表 6-27。

表6-26　工程量清单投标报价表

工程名称：

序号	项目编码	项目名称	项目特征描述	计量单位	工程数量	综合单价	合价
1	011302001001	天棚轻钢龙骨吊顶	U形轻钢龙骨吊顶(不上人型)；石膏板面层，规格600mm×600mm	m²	90.99	41.44	3770.63

表6-27　清单综合单价分析表

工程名称：

序号	项目编码	项目名称	单位	工程量清单综合单价构成					
				人工费	材料费	机械费	管理费	利润	综合单价
1	011302001001	天棚吊顶	m³	14.23	23.12	0.09	1.75	2.25	41.44

【例6-14】　某工程的天棚面采用刮大白面层（设计面积为1546.46m²）。

按现行《计价定额B》，管理费取人工费与机械费和的12.25%，利润取人工费与机械费和的15.75%，综合风险系数按直接工程费的2.5%计取，计算刮大白装饰面层清单综合报价并编制工程量清单投标报价表。

解　1）查《工程量计算规范》的90页附录P.6知：

天棚面刮大白的清单编码为011406003，计量单位为m²，清单工程量为1546.46m²。

根据《工程量计算规范》的90页附录P.6“项目特征”与“工程内容”知，构成该清单计价的定额项目及应计算的定额工程量情况如下：

天棚面刮大白：《计价定额B》5-301项，工程量$S=1546.46\text{m}^2$。

2）套取定额基价并计算清单综合单价构成，见表6-28。

表6-28　工程量清单综合单价计价构成表

工程名称：

项目编码	011406003001	项目名称	天棚刮大白	计量单位	m²	工程数量	1546.46			
清单综合单价计算过程										
序号	定额号	定额名称	单位	数量	人工费	材料费	机械费	管理费	利润	风险
①	B5-301	天棚刮大白	100m²	15.46	337.93	287.19				
					5224.40	4439.96				
小　计					5224.40	4439.96		639.99	822.84	241.61
清单综合单价	7.35元/m²	其中：			3.38	2.87		0.41	0.53	0.16

3）工程量清单投标报价表及清单综合单价分析表分别见表6-29、表6-30。

表 6-29　工程量清单投标报价表

工程名称：

序号	项目编码	项目名称与特征	计量单位	工程数量	综合单价	合价
1	011406003001	天棚面刮大白	m^2	1546.46	7.35	11366.48

表 6-30　清单综合单价分析表

工程名称：

序号	项目编码	项目名称	单位	工程量清单综合单价构成						
				人工费	材料费	机械费	管理费	利润	风险	综合单价
1	011406003001	天棚刮大白	m^3	3.38	2.87		0.41	0.53	0.16	7.35

2. 措施项目清单计价的编制实例

装饰工程措施项目清单计价包括单价措施项目清单费和总价措施项目清单费两部分。

（1）单价措施项目清单费的计价编制　单价措施项目包括“脚手架工程”“垂直运输”“超高施工增加”及装饰工程专业特殊发生的“室内空气污染测试费”等内容，可按工程所在地省（自治区、直辖市）《建筑装饰工程消耗量（计价）定额》进行套项报价。但室内空气污染测试费应按实际测试次数乘以实际测试价格计算费用额，每次的测试价格按当地规定计算（辽宁地区每百平方米建筑面积的每次实际测试费用额估算价在 2000 元左右）。测试内容一般包括如下项目：

1）甲醛检查与测试。

2）苯检查与测试。

3）氨检查与测试。

4）甲醛清除（熏蒸或高温蒸汽处理）。

5）苯、氨清除（熏蒸或高温蒸汽处理）。

6）光触媒界处理。

7）负离子活氧处理。

8）装饰面或家具除味、擦拭、加护理蜡等。

【例 6-15】　假设某单独建筑装饰工程的相关数据如下：

1. 工程总建筑面积：32000m^2（其中：地下建筑面积 2800m^2；地上建筑面积 29200m^2）。

2. 建筑物主体结构为钢筋混凝土框架，建筑物檐高 40m，超高建筑面积：14605m^2。

3. 人工降效费计算基数为：240000.00 元，垂直运输机械降效费计算基数为：86000.00 元，其他机械降效费计算基数为：94000.00 元。

要求按《计价定额》，管理费取人工费与机械费和的 12.25%，利润取人工费与机械费和的 15.75%，编制该装饰工程的单价措施清单投标报价表（不考虑风险因素）。

解　1）单价措施清单综合单价计价构成表见表 6-31。

2）单价措施清单投标报价表及清单综合单价分析表分别见表 6-32、表 6-33。

表 6-31　单价措施清单综合单价计价构成表

工程名称：

1	项目编码	011701001001	项目名称	综合脚手架		计量单位	m^2	工程数量	32000.00
清单综合单价计算过程									
序号	定额号	定额名称	单位	数量	人工费	材料费	机械费	管理费	利润
①	A12-289	地上综合脚手架	$100m^2$	292.00	783.68	1889.90	145.98		
					228834.56	551850.80	42626.16		
②	A12-287	地下综合脚手架	$100m^2$	28.00	419.64	1139.23	133.82		
					11749.92	31898.44	3746.96		
小　计					240584.48	583749.24	46373.12	35152.31	45195.82
清单综合单价		29.72 元/m^2	其中：		7.52	18.24	1.45	1.10	1.41
2	项目编码	011703001001	项目名称	垂直运输		计量单位	m^2	工程数量	32000.00
清单综合单价计算过程									
序号	定额号	定额名称	单位	数量	人工费	材料费	机械费	管理费	利润
①	A12-209 +210×2	地上垂直运输	$100m^2$	292.00	64.17		1009.60		
					18737.64		294803.20		
②	A12-208	地下垂直运输	$100m^2$	28.00			827.67		
							23174.76		
小　计					18737.64		317977.96	41247.66	53032.71
清单综合单价		13.48 元/m^2	其中：		0.59		9.94	1.29	1.66
3	项目编码	011704001001	项目名称	建筑物超高		计量单位	m^2	工程数量	14605.00
清单综合单价计算过程									
序号	定额号	定额名称	单位	数量	人工费	材料费	机械费	管理费	利润
①	B7-2	人工、机械降效	m^2	29200.00	0.32		0.46		
					9218.40		13488.28		
②	B7-18	加压水泵台班费	$100m^2$	292.00			54.56		
							15932.10		
小　计					9218.40		29420.38	4733.25	6085.61
清单综合单价		3.38 元/m^2	其中：		0.63		2.01	0.32	0.42

表 6-32　单价措施项目清单投标报价表

工程名称：

序号	项目编码	项目名称	项目特征描述	计量单位	工程数量	综合单价	合价/元
1	011701001001	综合脚手架	钢筋混凝土框架；建筑物檐高 40m	m^2	32000.00	29.72	951040.00
2	011703001001	垂直运输	钢筋混凝土框架；建筑物檐高 40m；地下建筑面积 $2800m^2$	m^2	32000.00	13.48	431360.00

（续）

序号	项目编码	项目名称	项目特征描述	计量单位	工程数量	综合单价	合价/元
3	011704001001	建筑物超高	钢筋混凝土框架；建筑物檐高40m	m^2	14605.00	3.38	49496.35
		合　计					1431896.30

表6-33　清单综合单价分析表

工程名称：

序号	项目编码	项目名称	单位	工程量清单综合单价构成/元					
				人工费	材料费	机械费	管理费	利润	综合单价
1	011701001001	综合脚手架	m^2	7.52	18.24	1.45	1.10	1.41	29.72
2	011703001001	垂直运输	m^2	0.59		9.94	1.29	1.66	13.48
3	011704001001	建筑物超高	m^2	0.63		2.01	0.32	0.42	3.38

（2）总价措施项目清单费的计价编制　总价措施项目包括“安全文明施工”“夜间施工”“二次搬运”“冬雨季施工”“已完工程及设备保护”等内容，可按当地政府的有关文件规定或投标施工方案中的说明计算投标价格。

3. 其他项目清单计价实例

其他项目清单计价内容包括暂列金额、暂估价（包括材料暂估单价和专业工程暂估价）、计日工项目费、总承包服务费。编制时应严格按甲方招标书中给定的具体金额（或数量、费率等）并结合市场实际价格进行投标报价。

【例6-16】　假设某装饰工程的其他清单项目包括下述内容：

暂列金额5000.00元；建设过程中甲方拟使用乙方瓦工10个工日、木工15个工日、普工20个工日；拟使用乙方的木工平刨床（450mm）8个台班、塔吊10个台班。

要求按实际市场价格编制该工程的其他项目清单计价表。

解　1）编制的其他项目清单计价表见表6-34、表6-35、表6-36。

表6-34　其他项目清单计价表

工程名称：

序号	名　称	计量单位	金额/元	备　注
1	暂列金额	元	5000.00	见表6-35
2	暂估价(略)			
2.1	材料暂估价			
2.2	专业工程暂估价			
3	计日工计价	元	15985.00	见表6-36
4	总承包服务费(略)			
	合　计	元	20985.00	

表6-35　暂列金额明细表

工程名称：

序号	项 目 名 称	计量单位	暂定金额/元	备　注
1	暂列金额			
(1)	工程量增减变更	元	3000.00	
(2)	其他不可预见因素	元	2000.00	
合　　计		元	5000.00	

表6-36　计日工计价表

工程名称：

序号	项目名称	单位	暂定数量	综合单价/元	合价/元
一	人工				
1	瓦工	工日	10.00	200.00	2000.00
2	木工	工日	15.00	150.00	2225.00
3	普工	工日	20.00	100.00	2000.00
人工费小计					6225.00
二	材料(略)				
材料费小计					
三	施工机械				
1	木工平刨床(450mm)	台班	8.00	95.00	760.00
2	塔吊	台班	10.00	900.00	9000.00
施工机械费小计					9760.00
总　　计					15985.00

6.4　建筑装饰工程量清单与工程量清单计价编制实例

6.4.1　建筑装饰工程量清单编制实例

本实例为××公司办公室室内装饰工程工程量清单，根据《工程量计算规范》附录A、…、附录S及本书附录C的施工图样进行编制。实例由封面、总说明、分部分项工程量清单、措施项目清单、其他项目清单、规费与税金项目清单组成。

1. 封面

××公司办公室室内装饰工程

招标工程量清单

招　标　人：（略）

造价咨询人：（略）

年　月　日（略）

2. 扉页

××公司办公室室内装饰工程

招标工程量清单

招　标　人：（略）

法定代表人
或其授权人：（略）

编　制　人：（略）

编制时间：（略）

造价咨询人：（略）

法定代表人
或其授权人：（略）

复　核　人：（略）

复核时间：（略）

3. 总说明

总　说　明

工程名称：××公司办公室室内装饰工程

1. 工程名称：×× 公司办公室室内装饰工程。

2. 装饰工程建筑面积：146.87m^2。

3. 装饰工程项目范围及内容：

1）楼地面工程：大厅地面、会议间地面、财务室地面、经理室地面、公共卫生间地面、经理室卫生间地面、厨房地面、阳台地面；正厅踢脚板、会议间踢脚板、财务室踢脚板、经理室踢脚板。

2）墙柱面工程：大厅、会议间、经理室、财务室、公共卫生间、经理室卫生间、厨房墙面装饰。

3）天棚工程：大厅、会议间、财务室、经理室、公共卫生间、经理室卫生间、厨房天棚、阳台天棚。

4）门窗工程（详见“工程设计门窗表”的规定）。

5）油漆、涂料工程：墙面、天棚面油漆、涂料项目。

6）措施项目范围及内容：

① 通用安全文明施工费、冬雨期施工费、室内空气污染测试。

② 其他措施项目：已完成品保护。

4. 工程量清单根据《建设工程工程量清单计价规范》附录 B 的相关规定进行编制。

5. 暂列金额：贰仟元人民币（2000.00 元）。

6. 不在投标报价范围的项目：背景墙、活动隔断、各种家具（办公桌椅、沙发、壁橱等）、壁画、效果图、布艺卷帘、各种灯具、卫生器具等不计算在装饰工程造价范围内。

4. 分部分项工程量清单

分部分项工程量清单

工 程名称：× ×公司办公室室内装饰工程

序号	项目编码	项目名称	项目特征描述	计量单位	工程数量
			1. 楼地面工程		
1	011101001001	大厅、经理室、财务室水泥砂浆整体面层	1:3 水泥砂浆 20mm 厚	m^2	115. 74
2	011104001001	大厅、经理室、财务室地面地毯	普通化纤地毯	m^2	115. 91
3	011102003001	卫生间、厨房块料地面	1:3 水泥砂浆找平 10mm 厚；SBS 改性沥青防水层沿墙卷起 300mm 高；1:3 水泥砂浆找平 10mm 厚；1:3 水泥砂浆粘贴 300mm × 300mm 防滑玻化砖	m^2	19. 11
4	011102003002	阳台地面块料面层	C20 混凝土垫层 100mm 厚；1:3 水泥砂浆找平 20mm 厚；1:3 水泥砂浆粘贴 600mm × 600mm 普通地砖	m^2	6. 89
5	011105004001	大厅、经理室、财务室踢脚线铝塑板	18mm 木夹板基层；白色铝塑板面层	m^2	6. 47
			2. 墙面工程		
6	011207001001	财务室墙面铝塑板面层	单层木龙骨；黄色铝塑板面层	m^2	0. 68
7	010808004001	财务室镜面不锈钢门套	镜面不锈钢片 60mm 宽	m^2	5. 80
8	011207001002	经理室墙面铝塑板面层	单层木龙骨；黄色铝塑板	m^2	1. 17
9	010808004002	经理室墙面不锈钢门套	镜面不锈钢片 60mm 宽	m	11. 40
10	011207001003	经理室墙面 3mm 板墙面	单层木龙骨；18mm 夹板基层；3mm 夹板面层；亚克力灯片 25mm × 25mm（面积 0. 56m^2）；压亚克力灯片实木线条 5mm 宽（长 14. 40m）；木夹板面层刷白色乳胶漆	m^2	8. 49
11	011207001004	经理室黑胡桃木夹板墙面	单层木龙骨（面积 1. 60m^2）；18mm 夹板基层；黑胡桃木夹板面层；木夹板面层刷灰色请漆	m^2	2. 24
12	011207001005	大厅、办公室门口铝塑板墙面	单层木龙骨；黄色铝塑板；30mm 宽镜面不锈钢线条（长 1. 40m）	m^2	2. 93
13	011207001006	大厅、办公室墙面铝塑板面层	单层木龙骨；18mm 夹板基层；白色铝塑板	m^2	10. 17

（续）

序号	项目编码	项目名称	项目特征描述	计量单位	工程数量
			2. 墙面工程		
14	011207001007	大厅、办公室墙面 3mm 夹板面层	单层木龙骨；18mm 夹板基层；9mm 夹板基层（面积 4.00m^2）；3mm 夹板面层；12mm 夹板面层（面积 0.68m^2）；木夹板面层刷灰色真石漆	m^2	7.85
15	011207001008	大厅、办公室墙面 9mm 夹板面层	单层木龙骨；18mm 夹板基层（面积 1.95m^2）；9mm 夹板面层；木夹板面层刷白色乳胶漆	m^2	6.50
16	010808004003	大厅、办公室墙面不锈钢门套	镜面不锈钢片 60mm 宽	m	28.10
17	011502001001	金属护角板	白色铝护角板 50mm 宽	m	8.00
18	011204003001	厨房、卫生间墙砖面层	面砖规格：150mm × 75mm；离缝 5mm 内；1:3 水泥砂浆粘贴	m^2	78.65
			3. 天棚工程		
19	011302001001	卫生间、厨房天棚铝扣板面层	木龙骨 25mm × 25mm；长条铝塑板；铝扣板收边线（长 30.70m）	m^2	18.90
20	011302001002	大厅天棚钢网面层	木龙骨 30mm × 30mm；钢网面层；钢网刷黑色清漆；钢网四周 50mm × 50mm 不锈钢管（长 11.80m）；木线压条（长 11.80m）；不锈钢垫片（长 11.80m）	m^2	5.00
21	011302001003	大厅天棚乳化玻璃面层	木龙骨 30mm × 30mm（面积 1.67m^2）；乳化玻璃面层；细木工板灯槽（长 3.70m）；50mm × 50mm 不锈钢管（长 8.50m）；木线压条（长 9.50m）；不锈钢垫片（长 9.50m）	m^2	1.19
22	011302001004	大厅天棚圆造型中间处乳化玻璃面层	木龙骨 30mm × 30mm；乳化玻璃面层；内侧钉 3mm 夹板（面积 1.56m^2）；40mm × 40mm 不锈钢管（长 5.78m）	m^2	1.05
23	011302001005	大厅天棚圆造型外侧铝塑板面层	木龙骨 30mm × 30mm（面积 0.72m^2）；黑色铝塑板；细木工板灯槽（长 4.08m）；外侧钉 3mm 夹板（面积 4.12m^2）；木夹板刷乳胶漆；18mm 夹板条（长 3.16m）	m^2	0.82
24	011302001006	大厅天棚椭圆造型中心灯箱片面层	木龙骨 30mm × 30mm；灯箱片面层；50mm × 50mm 不锈钢管（长 5.34m）；20mm × 20mm 不锈钢管（长 12.04m）	m^2	2.03

（续）

序号	项目编码	项目名称	项目特征描述	计量单位	工程数量
3. 天棚工程					
25	011302001007	大厅天棚椭圆造型外侧铝塑板面层	轻钢龙骨38系列（面积2.22m^2）；9mm夹板基层；铝塑板面层	m^2	2.47
26	011302001008	财务室、经理室天棚铝塑板面层	轻钢龙骨38系列；黑色铝塑板面层	m^2	5.95
27	011302001009	大厅、财务室、经理室天棚哈迪板面层	轻钢龙骨38系列；哈迪板面层；哈迪板刷白色乳胶漆	m^2	89.37
4. 门窗工程					
28	010801001001	镶板木门（M2）	洞口尺寸：850mm×2100mm；镶板木门；刷醇酸磁漆；安装小五金	樘	2
29	010801001002	带百叶镶板木门（M3）	洞口尺寸：700mm×2100mm；带一片百叶镶板木门；刷醇酸磁漆；安小五金	樘	3
30	010802001001	铝合金平开门（M1）	洞口尺寸：1000mm×2100mm；普通白色玻璃6mm	樘	1
31	010807007001	塑钢窗（C1）	展开尺寸：（900＋220×2）mm×2000mm；中空玻璃16mm	樘	2
32	010807007002	塑钢窗（C2）	展开尺寸：1200mm×1380mm；中空玻璃16mm	樘	1
33	010807007003	塑钢窗（C3）	展开尺寸：2500mm×1380mm；中空玻璃16mm	樘	1
34	010807007004	塑钢窗（YC1）	展开尺寸：（1350＋635）mm×2400mm；中空玻璃16mm	樘	1
35	010807007005	塑钢窗（YC2）	展开尺寸：（1700＋635）mm×2400mm；中空玻璃16mm	樘	1
36	010807007006	塑钢窗（YC3）	展开尺寸：（2000＋635）mm×2400mm；中空玻璃16mm	樘	1
37	010807007007	塑钢窗（YC4）	展开尺寸：（1400＋4340＋1450＋1450＋1335）mm×2900mm；中空玻璃16mm	樘	1
38	010802004001	防盗门（M2）	洞口尺寸：850mm×2900mm；钢质成品防盗门	樘	2

（续）

序号	项目编码	项目名称	项目特征描述	计量单位	工程数量
5. 油漆、涂料工程					
39	011406001001	财务室墙面刷乳胶漆	白色乳胶漆；基层为抹灰面层	m^2	34.61
40	011406001002	经理室墙面刷乳胶漆	白色乳胶漆；基层为抹灰面层	m^2	37.89
41	011406001003	大厅办公室墙面刷乳胶漆	白色乳胶漆；基层为抹灰面层	m^2	113.78
42	011406001004	阳台天棚刷乳胶漆	白色乳胶漆；基层为抹灰面层	m^2	6.89

5. 措施项目清单

总价措施项目清单

工程名称：××公司办公室室内装饰工程

序号	项目编码	项 目 名 称	计算基础	费率（%）
1	011707001001	安全文明施工费	人工费+机械费	12.50
2	011707005001	冬雨期施工费	人工费+机械费	7.00

单价措施项目清单

工程名称：××公司办公室室内装饰工程

序号	项目编码	项目名称	项目特征	计量单位	工程数量
1	011701001001	综合脚手架	钢管搭设	m^2	146.87
2	011703001001	垂直运输	按规范	m^2	146.87
3	011707007001	地面已完成品保护	按规范	m^2	141.74
4	011707007002	内墙面已完成品保护	按规范	m^2	299.02
5	1B001	室内空气污染测试费	按规范	m^2	146.87

6. 其他项目清单表

其他项目清单表

工程名称：××公司办公室室内装饰工程

序号	名　称	计量单位	数量	备注
1	暂列金额	元	2000.00	见暂列金额明细表
2	暂估价			
2.1	材料暂估价（略）			
2.2	专业工程暂估价（略）			
3	计日工（略）			
4	总承包服务费（略）			
合计		元	2000	

暂列金额明细表

工程名称：××公司办公室室内装饰工程

序号	项目名称	计量单位	暂定金额/元
1	暂列金额		
(1)	工程项目变更	元	2000.00
合计			2000.00

7. 规费、税金项目清单

规费、税金项目清单表

工程名称：××公司办公室室内装饰工程

序号	项目名称	计算基础	费率（%）
1	规费		
1.1	社会保障费	人工费+机械费	26.19
1.2	住房公积金	人工费+机械费	8.18
1.3	工程排污费	人工费+机械费	0.80
1.4	危险作业意外伤害保险	建筑面积	1.50 元/m^2
2	税金	不含税工程造价	3.477

6.4.2 建筑装饰工程清单计价编制实例

本实例为××公司办公室室内装饰工程工程量清单计价表，根据《工程量计算规范》附录A~附录S及本书附录C的施工图样、《辽宁省建筑工程计价定额A》、《辽宁省建筑装饰工程计价定额B》及辽宁省建设工程的费用标准进行编制。实例由投标总价封面、投标总价扉页、工程计价总说明、工程项目投标报价汇总表、单项工程投标报价汇总表、单位工程投标报价汇总表、分部分项工程项目清单计价表、措施项目清单计价表、其他项目清单计价表、规费与税金项目清单计价表、分部分项工程项目清单综合单价分析表、单价措施项目综合单价分析表、分部分项工程项目清单综合单价构成表、单价措施项目综合单价构成表、工程量清单计价程序表组成。

1. 投标总价封面

××公司办公室室内装饰工程

投 标 总 价

投 标 人：（略）

年 月 日（略）

2. 投标总价扉页

投 标 总 价

招　标　人：(略)

工 程 名 称：××公司办公室室内装饰工程

投标总价（小写）：　人民币：90114.83元

（大写）：　玖万零壹百壹拾肆元捌角叁分

投　标　人：(略)

法定代表人

或其授权人：(略)

编　制　人：(略)

编 制 时 间：　年　月　日（略）

3. 总说明

总 说 明

工程名称：××公司办公室室内装饰工程

1. 工程投标范围及内容：楼地面工程，墙柱面工程，天棚工程，门窗工程，油漆、涂料工程：墙面、天棚面油漆、涂料项目，措施项目（通用措施项目：安全文明施工费、冬雨期施工费、室内空气污染测试；其他措施项目：已完成品保护）。

2. 暂列金额：贰仟元人民币（2000.00元）。

3. 投标计价依据：

1）本书附录C的施工图样。

2）《辽宁省建筑工程计价定额A》《辽宁省建筑装饰工程计价定额B》辽宁省建设工程费用标准。

4. 不在投标报价范围的项目：背景墙、活动隔断、各种家具（办公桌椅、沙发、壁橱等）、壁画、效果图、布艺卷帘、各种灯具、卫生器具。

4. 工程项目投标报价汇总表

工程项目投标报价汇总表

工程名称：××公司办公室室内装饰工程

序号	单项工程名称	金额/元	其中		
			暂估价/元	安全文明施工费/元	规费/元
1	××公司办公室室内装饰工程	90114.83		1811.12	5316.06
合计		90114.83		1811.12	5316.06

5. 单项工程投标报价汇总表

单项工程投标报价汇总表

工程名称：

序号	单位工程名称	金额/元	其中		
			暂估价/元	安全文明施工费/元	规费/元
1	××公司办公室室内装饰工程	90114.83		1811.12	5316.06
合计		90114.83		1811.12	5316.06

6. 单位工程投标报价汇总表

单位工程投标报价汇总表

工程名称：××公司办公室室内装饰工程

序号	汇总内容	金额/元	其中：暂估价/元
1	分部分项工程项目清单计价	69724.52	
1.1	1. 楼地面工程	16381.77	
1.2	2. 墙柱面工程	20828.21	
1.3	3. 天棚工程	14699.24	
1.4	4. 门窗工程	16809.52	
1.5	5. 油漆、涂料工程	1005.78	
2	措施项目	10046.24	
2.1	其中：安全文明施工费	1811.12	
3	其他项目	2000.00	
3.1	其中：暂列金额	2000.00	
3.2	其中：专业工程暂估价（略）		
3.2	其中：计日工（略）		
3.4	其中：总承包服务费（略）		
4	规费	5316.06	
5	税金	3028.01	
投标报价合计=1+2+3+4+5		90114.83	

7. 分部分项工程项目清单计价表

分部分项工程项目清单计价表

工程名称：××公司办公室室内装饰工程

序号	项目编码	项目名称	项目特征描述	计量单位	工程数量	金额/元	
						综合单价	合价
1. 楼地面工程							
1	011101001001	大厅、经理室等水泥砂浆地面	1:3 水泥砂浆 20mm 厚	m^2	115.74	10.48	1212.96

（续）

序号	项目编码	项目名称	项目特征描述	计量单位	工程数量	金额/元	
						综合单价	合价
1. 楼地面工程							
2	011104001001	大厅、经理室等地面铺地毯	普通化纤地毯	m²	115.91	91.56	10612.72
3	011102003001	厨房、卫生间防滑地砖面层	300mm×300mm 防滑玻化砖	m²	19.11	129.02	2465.57
4	011102003002	阳台地砖面层	600mm×600mm 普通地砖	m²	6.89	103.23	711.25
5	011105004001	大厅、经理室等铝塑踢脚板	白色铝塑板面层	m²	6.47	213.18	1379.27
1. 合　计							16381.77
2. 墙柱面工程							
6	011207001001	财务室墙面铝塑板面层	黄色铝塑板面层	m²	0.68	328.93	223.67
7	010808004001	财务室不锈钢门套线	镜面不锈钢片 60mm 宽	m	5.83	10.15	59.17
8	011207001002	经理室墙面铝塑板面层	黄色铝塑板	m²	1.17	328.93	384.85
9	010808004002	经理室不锈钢门套线	镜面不锈钢片 60mm 宽	m	11.50	10.27	118.10
10	011207001003	经理室 3mm 夹板面层	单层木龙骨；3mm 夹板面层	m²	8.49	113.95	967.44
11	011207001004	经理室黑胡桃木板面层	单层木龙骨；黑胡桃木板面层	m²	2.24	131.50	294.56
12	011207001005	大厅黄色铝塑板面层	单层木龙骨；黄色铝塑板	m²	2.93	232.39	680.90
13	010808004003	镜面不锈钢门套线	镜面不锈钢片 60mm 宽	m	28.10	9.81	275.78
14	011207001006	大厅白色铝塑板面层	单层木龙骨；白色铝塑板	m²	10.17	267.58	2721.29
15	011207001007	3mm 木夹板面层	单层木龙骨；3mm 夹板面层	m²	7.85	152.38	1196.18
16	011207001008	9mm 木夹板面层	单层木龙骨；9mm 夹板面层	m²	6.50	74.12	481.78
17	011502001001	铝护角线（50mm）	白色铝护角板 50mm 宽	m	8.00	12.79	102.32
18	011204003001	厨房卫生间墙砖面层	面砖规格：150mm×75mm	m²	78.56	169.58	13322.20
2. 合　计							20828.24

（续）

序号	项目编码	项目名称	项目特征描述	计量单位	工程数量	金额/元	
						综合单价	合价
3. 天棚工程							
19	011302001001	厨房卫生间天棚铝扣板面层	长条铝塑板	m^2	18.90	141.74	2678.89
20	011302001002	大厅天棚钢网面层	木龙骨;钢网面层	m^2	5.00	431.69	2158.45
21	011302001003	大厅天棚乳化玻璃面层	木龙骨;乳化玻璃面层	m^2	1.19	671.84	799.49
22	011302001004	大厅天棚圆造型乳化玻璃面层	木龙骨;乳化玻璃面层	m^2	1.05	370.18	388.69
23	011302001005	大厅天棚黑色铝塑板面层	木龙骨;黑色铝塑板	m^2	0.82	457.95	375.52
24	011302001006	大厅天棚圆造型灯箱片面层	木龙骨;灯箱片面层	m^2	2.03	348.67	707.80
25	011302001007	大厅天棚圆造型黑色铝塑板	轻钢龙骨;铝塑板面层	m^2	2.47	255.61	631.36
26	011302001008	经理室天棚黑色铝塑板面层	轻钢龙骨;黑色铝塑板面层	m^2	5.95	196.43	1168.76
27	011302001008	大厅、经理室天棚哈迪板面层	轻钢龙骨; 哈迪板面层	m^2	89.37	64.79	5790.28
3. 合　　计							14699.24
4. 门窗工程							
28	010801001001	镶板门制作、安装(M2)	洞口尺寸: 850mm × 2100mm	樘	2	395.89	791.78
29	010801001002	带百叶镶板门(M3)	洞口尺寸: 700mm × 2100mm	樘	3	305.92	917.76
30	010802001001	铝合金平开门(M1)	洞口尺寸: 1000mm × 2100mm	樘	1	397.85	397.85
31	010807007001	塑钢窗 C1 制作安装	展开尺寸:(900 + 220 × 2) mm × 2000mm	樘	2	619.92	1239.84
32	010807007002	塑钢窗 C2 制作、安装	展开尺寸: 1200mm × 1380mm	樘	1	411.35	411.35
33	010807007003	塑钢窗 C3 制作、安装	展开尺寸: 2500mm × 1380mm	樘	1	846.09	846.09
34	010807007004	塑钢窗 YC1 制作、安装	展开尺寸: (1350 + 635) mm × 2400mm	樘	1	1135.44	1135.44

（续）

序号	项目编码	项目名称	项目特征描述	计量单位	工程数量	金额/元	
						综合单价	合价
4. 门窗工程							
35	010807007005	塑钢窗 YC2 制作、安装	展开尺寸：(1700 + 635) mm × 2400mm	樘	1	1343.83	1343.83
36	010807007006	塑钢窗 YC3 制作、安装	展开尺寸：(2000 + 635) mm × 2400mm	樘	1	1468.04	1468.04
37	010807007007	塑钢窗 YC4 制作、安装	展开尺寸：(1400 + 4340 + 1450 + 1450 + 1335) mm × 2900mm	樘	1	6813.34	6813.34
38	010802004001	M2 外安装防盗门	洞口尺寸：850mm × 2900mm	樘	2	722.10	1444.20
4. 合　计							16809.52
5. 油漆、涂料工程							
39	011406001001	财务室墙面白色乳胶漆	白色乳胶漆；基层抹灰面层	m^2	34.61	5.44	188.28
40	011406001002	经理室墙面白色乳胶漆	白色乳胶漆；基层抹灰面层	m^2	37.33	5.33	198.97
41	011406001003	大厅墙面刷白色乳胶漆	白色乳胶漆；基层抹灰面层	m^2	107.28	5.30	568.58
42	011406001004	阳台天棚面刷白色乳胶漆	白色乳胶漆；基层抹灰面层	m^2	6.89	7.25	49.95
5. 合　计							1005.78
总　计							69724.52

8. 措施项目清单计价表

总价措施项目清单计价表

工程名称：××公司办公室室内装饰工程

序号	项目编码	项目名称	计算基础	单价或费率(%)	金额/元
1	011707001001	安全文明施工费	12412.08 + 2076.54	12.50%	1811.12
2	011707005001	冬雨季施工费	12412.08 + 2076.54	7.00%	1014.20
		合　计			2825.32

单价措施项目清单计价表

工程名称：××公司办公室室内装饰工程

序号	项目编码	项目名称	项目特征	计量单位	工程数量	综合单价	合价/元
1	011701001001	综合脚手架	钢管搭设	m^2	146.87	14.15	2078.21
2	011703001001	垂直运输		m^2	146.87	10.59	1555.35
3	011707007001	地面已完成品保护		m^2	141.74	2.94	416.72
4	011707007002	内墙面已完成品保护		m^2	299.02	0.78	233.24
4	1B001	室内空气污染测试费		m^2	146.87	20.00	2937.40
		合　计					7220.92

9. 其他项目清单计价表

其他项目清单计价表

工程名称：××公司办公室室内装饰工程

序号	名　称	计量单位	金额/元	备　注
1	暂列金额	元	2000.00	
2	暂估价（略）			
2.1	材料暂估价			
2.2	专业工程暂估价			
3	计日工（略）			
4	总承包服务费（略）			
合　计			2000.00	

暂列金额明细表

工程名称：××公司办公室室内装饰工程

序号	项 目 名 称	计量单位	暂定金额/元	备注
1	暂列金额	元	2000.00	
2				
3				
合　计			2000.00	

10. 规费与税金项目清单计价表

规费与税金项目清单计价表

工程名称：××公司办公室室内装饰工程

序号	项目名称	计算基础	费率(%)	金额/元
1	规费			5316.06
1.1	社会保障费	12412.08+2076.54	26.19	3794.65
1.2	住房公积金	12412.08+2076.54	8.18	1185.19
1.3	工程排污费	12412.08+2076.54	0.80	115.91
1.4	危险作业意外伤害保险费	建筑面积:146.87m^2	1.50元/m^2	220.31
2	税金	87086.82	3.477	3028.01

11. 分部分项工程项目清单综合单价分析表

序号	项目编码	项目名称	单位	工程量清单综合单价构成					
				人工费	材料费	机械费	管理费	利润	综合单价
		1. 楼地面工程							
1	011101001001	水泥砂浆地面层	m^2	4.08	4.83	0.33	0.54	0.70	10.48
2	011104001001	大厅地面铺地毯	m^2	29.27	54.09		3.59	4.61	91.56
3	011102003001	卫生间地砖面层	m^2	27.48	92.93	0.72	3.45	4.44	129.02
4	011102003002	阳台地砖面层	m^2	21.92	72.09	2.41	2.98	3.83	103.23
5	011105004001	大厅等铝塑踢脚	m^2	16.90	191.55		2.07	2.66	213.18
		2. 墙柱面工程							
6	011207001001	财务室铝塑墙板	m^2	30.75	289.46	0.09	3.78	4.85	328.93
7	010808004001	财务室钢门套线	m	2.45	7.01		0.30	0.39	10.15
8	011207001002	经理室铝塑墙板	m^2	30.75	289.46	0.09	3.78	4.85	328.93
9	010808004002	经理室钢门套线	m	2.48	7.10		0.30	0.39	10.27
10	011207001003	经理室3mm夹板	m^2	17.68	91.24	0.06	2.17	2.80	113.95
11	011207001004	经理室胡桃木板	m^2	32.26	90.14	0.06	3.96	5.09	131.50
12	011207001005	大厅黄色铝塑板	m^2	21.71	204.52	0.06	2.67	3.43	232.39
13	010808004003	不锈钢门套线	m	2.37	6.76		0.29	0.37	9.79
14	011207001006	大厅白色铝塑板	m^2	24.40	236.27	0.06	3.00	3.85	267.58
15	011207001007	3mm木夹板面层	m^2	12.16	136.78	0.03	1.49	1.92	152.38
16	011207001008	9mm木夹板面层	m^2	13.32	57.01	0.07	1.64	2.11	74.12
17	011502001001	铝护角线(50mm)	m	2.53	9.55		0.31	0.40	12.79
18	011204003001	厨房卫生间墙砖	m^2	29.36	131.53	0.37	3.64	4.68	169.58
		3. 天棚工程							
19	011302001001	厨房等铝扣板棚	m^2	16.43	120.65	0.04	2.02	2.60	141.74
20	011302001002	大厅钢网天棚	m^2	16.59	410.40	0.04	2.04	2.62	431.69
21	011302001003	大厅乳化玻璃棚	m^2	59.13	596.05	0.08	7.25	9.33	671.84
22	011302001004	圆造型乳化玻璃	m^2	28.51	333.63	0.04	3.50	4.50	370.18
23	011302001005	黑色铝塑板天棚	m^2	76.65	359.77	0.05	9.39	12.09	457.95
24	011302001006	椭圆造型灯箱片	m^2	13.16	331.77	0.04	1.62	2.08	348.67
25	011302001007	造型黑色铝塑板	m^2	21.28	228.28	0.07	2.62	3.36	255.61
26	011302001008	经理室铝塑板棚	m^2	17.18	174.32	0.09	2.12	2.72	196.43
27	011302001009	哈迪板天棚面层	m^2	17.97	41.69	0.08	2.21	2.84	64.79
		4. 门窗工程							
28	010801001001	镶板门制作安装	樘	100.20	258.13	7.42	13.19	16.95	395.89
29	010801001002	带百叶镶板门	樘	88.04	183.84	7.34	11.68	15.02	305.92
30	010802001001	铝合金平开门	樘	36.96	350.54		4.53	5.82	397.85
31	010807007001	塑钢窗C1制作、安装	樘	103.46	1107.42		12.67	16.29	619.92

（续）

序号	项目编码	项目名称	单位	工程量清单综合单价构成					
				人工费	材料费	机械费	管理费	利润	综合单价
		4. 门窗工程							
32	010807007002	塑钢窗 C2 制作、安装	樘	41.39	358.37		5.07	6.52	411.35
33	010807007003	塑钢窗 C3 制作、安装	樘	82.77	740.14		10.14	13.04	846.09
34	010807007004	塑钢窗 YC1	樘	103.46	1003.02		12.67	16.29	1135.44
35	010807007005	塑钢窗 YC2	樘	124.16	1184.91		15.20	19.56	1343.83
36	010807007006	塑钢窗 YC3	樘	124.16	1309.11		15.21	19.56	1468.04
37	010807007007	塑钢窗 YC4	樘	600.23	6045.04		73.57	94.54	6813.34
38	010802004001	M2 外安防盗门	樘	28.20	686.00		3.46	4.44	722.10
		5. 油漆、涂料工程							
39	011406001001	财务室墙乳胶漆	m²	1.96	2.93		0.24	0.31	5.44
40	011406001002	经理室墙乳胶漆	m²	1.92	2.87		0.24	0.30	5.33
41	011406001003	正厅面刷乳胶漆	m²	1.88	2.89		0.23	0.30	5.30
42	011406001004	阳台天棚乳胶漆	m²	2.47	4.09		0.30	0.39	7.25

12. 单价措施项目综合单价分析表

单价措施项目综合单价分析表

工程名称：××公司办公室室内装饰工程

序号	项目编码	项目名称	单位	工程量清单综合单价构成					
				人工费	材料费	机械费	管理费	利润	综合单价
1	011701001001	综合脚手架	m²	3.52	8.03	1.26	0.59	0.75	14.15
2	011703001001	垂直运输	m²			8.28	1.01	1.30	10.59
3	011707007001	地面成品保护	m²	0.25	2.62		0.03	0.04	2.94
4	011707007002	内墙面成品保护	m²	0.41	0.28		0.04	0.05	0.78
5	1B001	室内空气污染测试	m²						市价 20.00

13. 分部分项工程项目清单综合单价构成表

分部分项工程项目清单综合单价构成表

工程名称：××公司办公室室内装饰工程

				1. 楼地面工程					
1	项目编码	011101001001	项目名称	水泥砂浆地面面层	计量单位	m²	工程数量	115.74	
				清单综合单价计算过程					
序号	定额号	定额名称	单位	数量	人工费	材料费	机械费	管理费	利润
①	A9-36	大厅、经理室水泥砂浆地面	100m²	1.16	407.86	482.27	32.90		
					473.12	559.43	38.16		
小计					473.12	559.43	38.16	62.63	80.53
清单综合单价		10.48 元/m²	其中：		4.08	4.83	0.33	0.54	0.70

（续）

2	项目编码	011104001001	项目名称	大厅、经理室地面铺地毯	计量单位	m^2	工程数量	115.91	
清单综合单价计算过程									
序号	定额号	定额名称	单位	数量	人工费	材料费	机械费	管理费	利润
①	B1-80	大厅、经理室地面铺地毯	$100m^2$	1.16	2924.68	5404.54			
					3392.63	6269.27			
小计					3392.63	6269.27		415.60	534.34
清单综合单价	91.56元/m^2		其中：		29.27	54.09		3.59	4.61
3	项目编码	011102003001	项目名称	厨房、卫生间防滑地砖面层	计量单位	m^2	工程数量	19.11	
清单综合单价计算过程									
序号	定额号	定额名称	单位	数量	人工费	材料费	机械费	管理费	利润
①	A9-28	厨房、卫生间找平层20mm厚	$100m^2$	0.19	309.75	400.06	32.90		
					58.85	76.01	6.25		
②	A9-30×2	厨房、卫生间找平层减10mm厚	$100m^2$	0.19	-112.00	-178.18	-17.42		
					-21.28	-33.85	-3.31		
③	A7-126	厨房、卫生间SBS防水层	$100m^2$	0.25	704.59	3429.24			
					176.15	857.31			
④	A9-29	厨房、卫生间找平层20mm厚	$100m^2$	0.19	317.65	443.50	40.64		
					60.35	84.27	7.72		
⑤	A9-30×2	厨房、卫生间找平层减10mm厚	$100m^2$	0.19	-112.00	-178.18	-17.42		
					-21.28	-33.85	-3.31		
⑥	B1-35	卫生间、厨房铺300mm×300mm地砖	$100m^2$	0.19	1433.10	4347.12	33.87		
					272.29	825.95	6.44		
小计					525.08	1775.84	13.79	66.01	84.87
清单综合单价	129.02元/m^2		其中：		27.48	92.93	0.72	3.45	4.44
4	项目编码	011102003002	项目名称	阳台地砖面层	计量单位	m^2	工程数量	6.89	
清单综合单价计算过程									
序号	定额号	定额名称	单位	数量	人工费	材料费	机械费	管理费	利润
①	A9-25	阳台混凝土垫层100mm厚	$10m^3$	0.07	447.58	1681.79	170.91		
					31.33	117.73	11.96		
②	A9-28	阳台找平层20mm厚	$100m^2$	0.07	309.75	400.06	32.90		
					21.68	28.00	2.30		
③	B1-38	阳台600mm×600mm地砖	$100m^2$	0.07	1399.97	5013.37	33.87		
					98.00	350.94	2.37		
小计					151.01	496.67	16.63	20.54	26.40
清单综合单价	103.23元/m^2		其中：		21.92	72.09	2.41	2.98	3.83

（续）

5	项目编码	011105004001	项目名称	大厅、经理室铝塑踢脚板	计量单位	m^2	工程数量	6.47	
清单综合单价计算过程									
序号	定额号	定额名称	单位	数量	人工费	材料费	机械费	管理费	利润
①	B2-195	大厅、经理室踢脚内侧贴木夹板	$100m^2$	0.06	290.99	1526.18			
					17.46	91.57			
②	B2-214	大厅、经理室铝塑板踢脚	$100m^2$	0.06	1531.20	19162.82			
					91.87	1147.77			
小　　计					109.33	1239.34		13.39	17.22
清单综合单价	213.18 元 /m^2	其中：			16.90	191.55		2.07	2.66
1. 合　　计					4651.17		68.58		
2. 墙柱面工程									
6	项目编码	011207001001	项目名称	财务室墙面铝塑板面层	计量单位	m^2	工程数量	0.68	
清单综合单价计算过程									
序号	定额号	定额名称	单位	数量	人工费	材料费	机械费	管理费	利润
①	B2-173	财务室墙面木龙骨	$100m^2$	0.01	560.12	1656.08	6.45		
					5.60	16.56	0.06		
②	B2-215	黄色铝塑板面层	$100m^2$	0.01	1531.20	18026.50			
					15.31	180.27			
小　　计					20.91	196.83	0.06	2.57	3.30
清单综合单价	328.93 /元 m^2	其中：			30.75	289.46	0.09	3.78	4.85
7	项目编码	010808004001	项目名称	财务室不锈钢门套线	计量单位	m	工程数量	5.80	
清单综合单价计算过程									
序号	定额号	定额名称	单位	数量	人工费	材料费	机械费	管理费	利润
①	B6-71	不锈钢门套线	100m	0.06	238.04	680.62			
					14.28	40.84			
小　　计					14.28	40.84		1.75	2.25
清单综合单价	10.15 元 /m	其中：			2.45	7.01		0.30	0.39
8	项目编码	011207001002	项目名称	经理室墙面铝塑板面层	计量单位	m^2	工程数量	1.17	
清单综合单价计算过程									
序号	定额号	定额名称	单位	数量	人工费	材料费	机械费	管理费	利润
①	B2-173	经理室墙面木龙骨	$100m^2$	0.01	560.12	1656.08	6.45		
					5.60	16.56	0.06		

（续）

序号	定额号	定额名称	单位	数量	人工费	材料费	机械费	管理费	利润
②	B2-215	黄色铝塑板面层	100m²	0.01	1531.20	18026.50			
					15.31	180.27			
小 计					20.91	196.83	0.06	2.57	3.30
清单综合单价	328.93 元/m²	其中：			30.75	289.46	0.09	3.78	4.85
9	项目编码	010808004002	项目名称	经理室不锈钢门套线		计量单位	m	工程数量	11.40

清单综合单价计算过程

序号	定额号	定额名称	单位	数量	人工费	材料费	机械费	管理费	利润
①	B6-71	不锈钢门套线	100m	0.12	238.04	680.62			
					28.56	81.67			
小 计					28.56	81.67		3.50	4.50
清单综合单价	10.27 元/m	其中：			2.48	7.10		0.30	0.39
10	项目编码	011207001003	项目名称	经理室 3mm 夹板面层		计量单位	m²	工程数量	8.49

清单综合单价计算过程

序号	定额号	定额名称	单位	数量	人工费	材料费	机械费	管理费	利润
①	B2-173	经理室墙面木龙骨	100m²	0.08	560.12	1656.08	6.45		
					44.81	132.49	0.52		
②	B2-197	18mm 木夹板基层	100m²	0.06	390.28	4346.11			
					23.42	260.77			
③	B2-195	3mm 夹板面层	100m²	0.08	290.99	1526.18			
					23.28	122.09			
④	B2-231	亚克力灯片	100m²	0.01	718.52	14804.00			
					7.19	148.04			
⑤	B6-75	木装饰线条	100m	0.14	123.05	209.31			
					17.23	29.30			
⑥	B5-219	木夹板面刷乳胶漆	100m²	0.08	427.67	585.22			
					34.21	81.93			
小 计					150.14	774.62	0.52	18.46	23.73
清单综合单价	113.95 元 /m²	其中：			17.68	91.24	0.06	2.17	2.80
11	项目编码	011207001004	项目名称	经理室黑胡桃木板面层		计量单位	m²	工程数量	2.24

清单综合单价计算过程

序号	定额号	定额名称	单位	数量	人工费	材料费	机械费	管理费	利润
①	B2-173	墙面木龙骨	100m²	0.02	560.12	1656.08	6.45		
					11.20	33.12	0.13		

（续）

序号	定额号	定额名称	单位	数量	人工费	材料费	机械费	管理费	利润
②	B2-197	18mm 木夹板基层	100m²	0.02	390.28	4346.11			
					7.81	86.92			
③	B2-219	黑胡桃木夹板面层	100m²	0.02	1968.56	3798.29			
					39.37	75.97			
④	B5-60	木夹板墙面刷清漆	100m²	0.02	693.84	295.12			
					13.88	5.90			
小　计					72.26	201.91	0.13	8.87	11.40
清单综合单价	131.50 元/m²	其中：			32.26	90.14	0.06	3.96	5.09
12	项目编码	011207001005	项目名称	大厅黄色铝塑板面层	计量单位	m²	工程数量	2.93	
清单综合单价计算过程									
序号	定额号	定额名称	单位	数量	人工费	材料费	机械费	管理费	利润
①	B2-173	墙面木龙骨	100m²	0.03	560.12	1656.08	6.45		
					16.80	49.68	0.19		
②	B2-215	黄色铝塑板面层	100m²	0.03	1531.20	18026.50			
					45.94	540.80			
③	B6-67	镜面不锈钢线条	100m	0.01	86.24	875.20			
					0.86	8.75			
小　计					63.60	599.23	0.19	7.81	10.05
清单综合单价	232.39 元/m²	其中：			21.71	204.52	0.06	2.67	3.43
13	项目编码	010808004003	项目名称	不锈钢门套线	计量单位	m	工程数量	28.10	
清单综合单价计算过程									
序号	定额号	定额名称	单位	数量	人工费	材料费	机械费	管理费	利润
①	B6-71	不锈钢门套线	100m	0.28	238.04	680.62			
					66.65	190.57			
小　计					66.65	190.57		8.16	10.50
清单综合单价	9.79 元/m	其中：			2.37	6.76		0.29	0.37
14	项目编码	011207001006	项目名称	大厅白色铝塑板面层	计量单位	m²	工程数量	10.17	
清单综合单价计算过程									
序号	定额号	定额名称	单位	数量	人工费	材料费	机械费	管理费	利润
①	B2-173	墙面木龙骨	100m²	0.10	560.12	1656.08	6.45		
					56.01	165.61	0.65		
②	B2-197	18mm 木夹板基层	100m²	0.10	390.28	4346.11			
					39.03	434.61			
③	B2-215	白色铝塑板面层	100m²	0.10	1531.20	18026.50			
					153.12	1802.65			
小　计					248.16	2402.87	0.65	30.48	39.19
清单综合单价	267.58 元/m²	其中：			24.40	236.27	0.06	3.00	3.85

（续）

15	项目编码	011207001007	项目名称	3mm 木夹板面层		计量单位	m^2	工程数量	7.85
清单综合单价计算过程									
序号	定额号	定额名称	单位	数量	人工费	材料费	机械费	管理费	利润
①	B2-173	墙面木龙骨	$100m^2$	0.04	560.12	1656.08	6.45		
					22.40	66.24	0.26		
②	B2-197	18mm 木夹板基层	$100m^2$	0.01	390.28	4346.11			
					3.90	43.46			
③	B2-196	9mm 木夹板基层	$100m^2$	0.04	376.50	2105.93			
					15.06	84.24			
④	B2-195	3mm 夹板面层	$100m^2$	0.08	290.99	1526.18			
					23.28	122.10			
⑤	B5-230	木板墙面刷灰色真石漆	$100m^2$	0.08	384.90	9471.52			
					30.79	757.72			
小　计					95.43	1073.76	0.26	11.72	15.07
清单综合单价	152.38 元/m^2	其中：			12.16	136.78	0.03	1.49	1.92
16	项目编码	011207001008	项目名称	9mm 木夹板面层		计量单位	m^2	工程数量	6.50
清单综合单价计算过程									
序号	定额号	定额名称	单位	数量	人工费	材料费	机械费	管理费	利润
①	B2-173	墙面木龙骨	$100m^2$	0.07	560.12	1656.08	6.45		
					39.21	115.93	0.45		
②	B2-197	18mm 木夹板基层	$100m^2$	0.02	390.28	4346.11			
					7.81	86.92			
③	B2-196	9mm 木夹板基层	$100m^2$	0.07	376.50	2105.93			
					26.36	147.42			
④	B5-215	木板墙面刷乳胶漆	$100m^2$	0.07	188.64	289.93			
					13.20	20.30			
小　计					86.58	370.57	0.45	10.66	13.71
清单综合单价	74.12 元 /m^2	其中：			13.32	57.01	0.07	1.64	2.11
17	项目编码	011502001001	项目名称	经理室不锈钢门套线		计量单位	m	工程数量	8.00
清单综合单价计算过程									
序号	定额号	定额名称	单位	数量	人工费	材料费	机械费	管理费	利润
①	B6-72	不锈钢门套线	100m	0.08	253.00	955.29			
					20.24	76.42			
小　计					20.24	76.42		2.48	3.19
清单综合单价	12.79 元/ m	其中：			2.53	9.55		0.31	0.40

（续）

18	项目编码	011204003001	项目名称	厨房卫生间墙砖面层	计量单位	m^2	工程数量	78.56
清单综合单价计算过程									
序号	定额号	定额名称	单位	数量	人工费	材料费	机械费	管理费	利润
①	B2-76	贴 150mm × 75mm 墙砖	$100m^2$	0.79	2919.17	13080.20	36.77		
					2306.14	10333.36	29.05		
小　计					2306.14	10333.36	29.05	286.06	367.79
清单综合单价	169.58 元/m^2	其中：			29.36	131.53	0.37	3.64	4.68
2. 合　计					3193.86		31.37		

3. 天棚工程

19	项目编码	011302001001	项目名称	厨房卫生间天棚铝扣板面层	计量单位	m^2	工程数量	18.90
清单综合单价计算过程									
序号	定额号	定额名称	单位	数量	人工费	材料费	机械费	管理费	利润
①	B3-16	厨房卫生间天棚木龙骨	$100m^2$	0.19	617.77	3313.56	4.26		
					117.38	629.58	0.81		
②	B3-125	厨房卫生间长条铝扣板面层	$100m^2$	0.19	650.77	7975.00			
					123.65	1515.25			
③	B3-129	铝扣板收边线	100m	0.31	224.40	437.10			
					69.56	135.50			
小　计					310.59	2280.33	0.81	38.15	49.05
清单综合单价	141.74 元/m^2	其中：			16.43	120.65	0.04	2.02	2.60

20	项目编码	011302001002	项目名称	大厅天棚钢网面层	计量单位	m^2	工程数量	5.00
清单综合单价计算过程									
序号	定额号	定额名称	单位	数量	人工费	材料费	机械费	管理费	利润
①	B3-16	大厅吊钢网木龙骨	$100m^2$	0.05	617.77	3313.56	4.26		
					30.89	165.68	0.21		
②	B3-140	天棚钢网面层	$100m^2$	0.05	538.57	24504.00			
					26.93	1225.20			
③	市场价	50mm×50mm 方钢管	m	11.80		45.00			
						531.00			
④	B6-75	木装饰线条	100m	0.12	123.05	209.31			
					14.77	25.12			
⑤	B6-67	不锈钢压片	100m	0.12	86.24	875.20			
					10.35	105.02			
小　计					82.94	2052.02	0.21	10.19	13.10
清单综合单价	431.69 元/m^2	其中：			16.59	410.40	0.04	2.04	2.62

（续）

21	项目编码	011302001003	项目名称	大厅天棚乳化玻璃面层	计量单位	m²	工程数量	1.19	
清单综合单价计算过程									
序号	定额号	定额名称	单位	数量	人工费	材料费	机械费	管理费	利润
①	B3-16	大厅吊钢网木龙骨	100m²	0.02	617.77	3313.56	4.26		
					12.36	66.27	0.09		
②	B3-132	乳化玻璃面层	100m²	0.01	1615.67	6586.15			
					16.16	65.86			
③	B3-258	细木工板灯槽	100m	0.04	522.73	1030.50			
					20.91	41.22			
④	市场价	50mm×50mm 方钢管	m	9.50		45.00			
						427.50			
⑤	B6-75	木装饰线条	100m	0.10	123.05	209.31			
					12.31	20.93			
⑥	B6-67	不锈钢压片	100m	0.10	86.24	875.20			
					8.62	87.52			
小　　计					70.36	709.30	0.09	8.63	11.10
清单综合单价	671.84 元/m²	其中：			59.13	596.05	0.08	7.25	9.33
22	项目编码	011302001004	项目名称	大厅天棚造型乳化玻璃面层	计量单位	m²	工程数量	1.05	
清单综合单价计算过程									
序号	定额号	定额名称	单位	数量	人工费	材料费	机械费	管理费	利润
①	B3-16	大厅吊钢网木龙骨	100m²	0.01	617.77	3313.56	4.26		
					6.18	33.14	0.04		
②	B3-132	乳化玻璃面层	100m²	0.01	1615.67	6586.15			
					16.16	65.86			
③	市场价	40mm×40mm 方钢管	m	5.78		40.00			
						231.20			
④	B3-74	造型内侧 3mm 木夹板	100m²	0.02	380.17	1005.60			
					7.60	20.11			
小　　计					29.94	350.31	0.04	3.67	4.72
清单综合单价	370.18 元/m²	其中：			28.51	333.63	0.04	3.50	4.50
23	项目编码	011302001005	项目名称	大厅天棚铝塑板面层	计量单位	m²	工程数量	0.82	
清单综合单价计算过程									
序号	定额号	定额名称	单位	数量	人工费	材料费	机械费	管理费	利润
①	B3-16	木龙骨	100m²	0.01	617.77	3313.56	4.26		
					6.18	33.14	0.04		

（续）

序号	定额号	定额名称	单位	数量	人工费	材料费	机械费	管理费	利润
②	B3-92	圆造型铝塑板天棚	100m²	0.01	712.80	15803.08			
					7.13	158.03			
③	B3-258	细木工板灯槽	100m	0.04	522.73	1030.50			
					20.91	41.22			
④	B3-74	造型外侧钉 3mm 夹板	100m²	0.04	380.17	1005.60			
					15.21	40.22			
⑤	B6-75	18mm 木夹板条	100m	0.03	123.05	209.31			
					3.69	6.28			
⑥	B5-216	木夹板面层乳胶漆	100m²	0.04	243.30	402.92			
					9.73	16.12			
小　计					62.85	295.01	0.04	7.70	9.91
清单综合单价	457.95 元/m²	其中：			76.65	359.77	0.05	9.39	12.09
24	项目编码	011302001006	项目名称	大厅天棚椭圆造型灯箱片	计量单位	m²	工程数量	2.03	
清单综合单价计算过程									
序号	定额号	定额名称	单位	数量	人工费	材料费	机械费	管理费	利润
①	B3-16	大厅椭圆造型木龙骨	100m²	0.02	617.77	3313.56	4.26		
					12.36	66.27	0.09		
②	B3-143	灯箱片面层	100m²	0.02	718.07	6306.00			
					14.36	126.12			
③	市场价	50mm×50mm 方钢管	m	5.34		45.00			
						240.30			
④	市场价	20mm×20mm 方钢管	m	12.04		20.00			
						240.80			
小　计					26.72	673.49	0.09	3.28	4.22
清单综合单价	348.67 元/m²	其中：			13.16	331.77	0.04	1.62	2.08
25	项目编码	011302001007	项目名称	大厅天棚椭圆造型铝塑板	计量单位	m²	工程数量	2.47	
清单综合单价计算过程									
序号	定额号	定额名称	单位	数量	人工费	材料费	机械费	管理费	利润
①	B3-21	轻钢龙骨	100m²	0.02	991.32	1484.09	8.52		
					19.83	29.68	0.17		
②	B3-76	9mm 木夹板基层	100m²	0.03	378.24	2003.10			
					11.35	60.09			
③	B3-92	椭圆造型黑色铝塑板	100m²	0.03	712.80	15803.08			
					21.38	474.09			
小　计					52.56	563.86	0.17	6.46	8.30
清单综合单价	255.61 元/m²	其中：			21.28	228.28	0.07	2.62	3.36

(续)

26	项目编码	011302001008	项目名称	经理室黑色铝塑板	计量单位	m^2	工程数量	5.95
清单综合单价计算过程									
序号	定额号	定额名称	单位	数量	人工费	材料费	机械费	管理费	利润
①	B3-21	轻钢龙骨	$100m^2$	0.06	991.32	1484.09	8.52		
					59.48	89.05	0.51		
②	B3-92	黑色铝塑板面层	$100m^2$	0.06	712.80	15803.08			
					42.77	948.18			
小 计					102.25	1037.23	0.51	12.59	16.18
清单综合单价	196.43 元/m^2		其中:		17.18	174.32	0.09	2.12	2.72
27	项目编码	011302001009	项目名称	天棚哈迪板面层	计量单位	m^2	工程数量	89.37	
清单综合单价计算过程									
序号	定额号	定额名称	单位	数量	人工费	材料费	机械费	管理费	利润
①	B3-21	轻钢龙骨	$100m^2$	0.89	991.32	1484.09	8.52		
					882.27	1320.84	7.58		
②	B3-84	哈迪板面层	$100m^2$	0.89	570.24	2299.72			
					507.51	2046.75			
③	B5-216	哈迪板面层乳胶漆	$100m^2$	0.89	243.30	402.92			
					216.54	358.60			
小 计					1606.32	3726.01	7.58	197.70	254.19
清单综合单价	64.79 元/m^2		其中:		17.97	41.69	0.08	2.21	2.84
3. 合 计					2344.53		9.54		
4. 门窗工程									
28	项目编码	010801001001	项目名称	镶板门制作、安装M2	计量单位	樘	工程数量	2	
清单综合单价计算过程									
序号	定额号	定额名称	单位	数量	人工费	材料费	机械费	管理费	利润
①	B4-9	镶板门框制作	$100m^2$	0.04	376.57	3617.28	86.42		
					15.06	144.69	3.46		
②	B4-10	镶板门框安装	$100m^2$	0.04	769.27	900.05	1.49		
					30.77	36.00	0.06		
③	B4-11	镶板门扇制作	$100m^2$	0.04	1292.53	6269.20	283.05		
					51.70	250.77	11.32		
④	B4-12	镶板门扇安装	$1000m^2$	0.04	433.14				
					17.33				
⑤	B4-283	镶板门五金费	樘	0.20		177.80			
						35.56			

（续）

序号	定额号	定额名称	单位	数量	人工费	材料费	机械费	管理费	利润
⑥	B5-9	镶板木门醇酸磁漆	100m²	0.04	2138.40	1230.92			
					85.54	49.24			
小　计					200.40	516.26	14.84	26.37	33.90
清单综合单价		395.89 元/樘	其中：		100.20	258.13	7.42	13.19	16.95
29	项目编码	010801001002	项目名称	带百叶镶板门 M3	计量单位	樘	工程数量	3	

清单综合单价计算过程

序号	定额号	定额名称	单位	数量	人工费	材料费	机械费	管理费	利润
①	B4-21	带百叶镶板门框制作	100m²	0.05	376.57	3617.28	86.42		
					18.83	108.86	4.32		
②	B4-22	带百叶镶板门框安装	100m²	0.05	769.27	900.05	1.49		
					38.46	45.00	0.07		
③	B4-23	带百叶镶板门扇制作	100m²	0.05	1521.90	5390.30	352.62		
					76.10	269.52	17.63		
④	B4-24	带百叶镶板门扇安装	100m²	0.05	476.17	230.06			
					23.81	11.50			
⑤	B4-293	镶板门五金费	10 樘	0.30		183.60			
						55.08			
⑥	B5-9	镶板木门醇酸磁漆	100m²	0.05	2138.40	1230.92			
					106.92	61.55			
小　计					264.12	551.51	22.02	35.05	45.07
清单综合单价		305.92 元/樘	其中：		88.04	183.84	7.34	11.68	15.02
30	项目编码	010802001001	项目名称	铝合金平开门 M1	计量单位	樘	工程数量	1	

清单综合单价计算过程

序号	定额号	定额名称	单位	数量	人工费	材料费	机械费	管理费	利润
①	B4-98	铝合金平开门制作、安装	100m²	0.02	1848.00	2376.86			
					36.96	47.54			
②	附录379项	塑钢窗主材费	m²	2.02		150.00			
						303.00			
小　计					36.96	350.54		4.53	5.82
清单综合单价		397.85 元/樘	其中：		36.96	350.54		4.53	5.82
31	项目编码	010807007001	项目名称	塑钢窗 C1 制作、安装	计量单位	樘	工程数量	2	

清单综合单价计算过程

序号	定额号	定额名称	单位	数量	人工费	材料费	机械费	管理费	利润
①	B4-266	塑钢窗制作、安装	100m²	0.05	2069.27	3608.42			
					103.46	180.42			

（续）

序号	定额号	定额名称	单位	数量	人工费	材料费	机械费	管理费	利润
②	附录379项	塑钢窗主材费	m^2	5.15		180.00			
						927.00			
小计					103.46	1107.42		12.67	16.29
清单综合单价	619.92元/樘	其中：			103.46	1107.42		12.67	16.29
32	项目编码	010807007002	项目名称	塑钢窗C2制作、安装		计量单位	樘	工程数量	1
清单综合单价计算过程									
序号	定额号	定额名称	单位	数量	人工费	材料费	机械费	管理费	利润
①	B4-266	塑钢窗制作、安装	$100m^2$	0.02	2069.27	3608.42			
					41.39	72.17			
②	附录379项	塑钢窗主材费	m^2	1.59		180.00			
						286.20			
小计					41.39	358.37		5.07	6.52
清单综合单价	411.35元/樘	其中：			41.39	358.37		5.07	6.52
33	项目编码	010807007003	项目名称	塑钢窗C3制作、安装		计量单位	樘	工程数量	1
清单综合单价计算过程									
序号	定额号	定额名称	单位	数量	人工费	材料费	机械费	管理费	利润
①	B4-266	塑钢窗制作、安装	$100m^2$	0.04	2069.27	3608.42			
					82.77	144.34			
②	附录379项	塑钢窗主材费	m^2	3.31		180.00			
						595.80			
小计					82.77	740.14		10.14	13.04
清单综合单价	846.09元/樘	其中：			82.77	740.14		10.14	13.04
34	项目编码	010807007004	项目名称	塑钢窗YC1制作、安装		计量单位	樘	工程数量	1
清单综合单价计算过程									
序号	定额号	定额名称	单位	数量	人工费	材料费	机械费	管理费	利润
①	B4-266	塑钢窗制作、安装	$100m^2$	0.05	2069.27	3608.42			
					103.46	180.42			
②	附录379项	塑钢窗主材费	m^2	4.57		180.00			
						822.60			
小计					103.46	1003.02		12.67	16.29
清单综合单价	1135.44元/樘	其中：			103.46	1003.02		12.67	16.29

（续）

35	项目编码	010807007005	项目名称	塑钢窗 YC2 制作、安装	计量单位	樘	工程数量	1	
清单综合单价计算过程									
序号	定额号	定额名称	单位	数量	人工费	材料费	机械费	管理费	利润
①	B4-266	塑钢窗制作、安装	$100m^2$	0.06	2069.27	3608.42			
					124.16	216.51			
②	附录379项	塑钢窗主材费	m^2	5.38		180.00			
						968.40			
小计					124.16	1184.91		15.20	19.56
清单综合单价		1343.83元/樘	其中：		124.16	1184.91		15.20	19.56
36	项目编码	010807007006	项目名称	塑钢窗 YC3 制作、安装	计量单位	樘	工程数量	1	
清单综合单价计算过程									
序号	定额号	定额名称	单位	数量	人工费	材料费	机械费	管理费	利润
①	B4-266	塑钢窗制作、安装	$100m^2$	0.06	2069.27	3608.42			
					124.16	216.51			
②	附录379项	塑钢窗主材费	m^2	6.07		180.00			
						1092.60			
小计					124.16	1309.11		15.21	19.56
清单综合单价		1468.04元/樘	其中：		124.16	1309.11		15.21	19.56
37	项目编码	010807007007	项目名称	塑钢窗 YC4 制作、安装	计量单位	樘	工程数量	1	
清单综合单价计算过程									
序号	定额号	定额名称	单位	数量	人工费	材料费	机械费	管理费	利润
①	B4-266	塑钢窗制作、安装	$100m^2$	0.29	2069.27	3608.42			
					600.23	1046.44			
②	附录379项	塑钢窗主材费	m^2	27.27		180.00			
						4998.60			
小计					600.23	6045.04		73.57	94.54
清单综合单价		6813.34元/樘	其中：		600.23	6045.04		73.57	94.54
38	项目编码	010802004001	项目名称	M2 外安装防盗门	计量单位	樘	工程数量	2	
清单综合单价计算过程									
序号	定额号	定额名称	单位	数量	人工费	材料费	机械费	管理费	利润
①	B4-107	M2 外安装防盗门	$100m^2$	0.04	1404.47				
					56.40				

（续）

序号	定额号	定额名称	单位	数量	人工费	材料费	机械费	管理费	利润
②	附录 351 项	防盗门主材费	m^2	3.43		400.00			
						1372.00			
小　计					56.40	1372.00		6.91	8.88
清单综合单价	722.10 元/樘	其中：			28.20	686.00		3.46	4.44
4. 合　计					1717.65		36.86		
5. 油漆工程									
39	项目编码	011406001001	项目名称	财务室墙面乳胶漆		计量单位	m^2	工程数量	34.61
清单综合单价计算过程									
序号	定额号	定额名称	单位	数量	人工费	材料费	机械费	管理费	利润
①	B5-215	财务室墙面乳胶漆	$100m^2$	0.35	188.64	289.93			
					67.89	101.48			
小　计					67.89	101.48		8.32	10.69
清单综合单价	5.44 元/m^2	其中：			1.96	2.93		0.24	0.31
40	项目编码	011406001002	项目名称	经理室墙面乳胶漆		计量单位	m^2	工程数量	37.33
清单综合单价计算过程									
序号	定额号	定额名称	单位	数量	人工费	材料费	机械费	管理费	利润
①	B5-215	墙面乳胶漆	$100m^2$	0.37	188.64	289.93			
					71.76	107.27			
小　计					71.76	107.27		8.79	11.30
清单综合单价	5.33 元/m^2	其中：			1.92	2.87		0.24	0.30
41	项目编码	011406001003	项目名称	正厅墙面刷乳胶漆		计量单位	m^2	工程数量	107.28
清单综合单价计算过程									
序号	定额号	定额名称	单位	数量	人工费	材料费	机械费	管理费	利润
①	B5-215	大厅墙面乳胶漆	$100m^2$	1.07	188.64	289.93			
					201.84	310.22			
小　计					201.84	310.22		24.73	31.79
清单综合单价	5.30 元/m^2	其中：			1.88	2.89		0.23	0.30
42	项目编码	011406001004	项目名称	阳台天棚面乳胶漆		计量单位	m^2	工程数量	6.89
清单综合单价计算过程									
序号	定额号	定额名称	单位	数量	人工费	材料费	机械费	管理费	利润
①	B5-216	阳台天棚面乳胶漆	$100m^2$	0.07	243.30	402.92			
					17.03	28.20			
小　计					17.03	28.20		2.09	2.68
清单综合单价	7.25 元/m^2	其中：			2.47	4.09		0.30	0.39
5. 合　计					358.52				
总　计					12265.73		146.35		

14. 单价措施项目综合单价构成表

单价措施项目综合单价构成表

工程名称：××公司办公室室内装饰工程

1	项目编码	011701001001	项目名称	综合脚手架		计量单位	m^2	工程数量	146.87
清单综合单价计算过程									
序号	定额号	定额名称	单位	数量	人工费	材料费	机械费	管理费	利润
①	A12-286	综合脚手架	100m^2	1.47	351.92	801.93	125.71		
					517.32	1178.84	184.79		
小　计					517.32	1178.84	184.79	86.01	110.58
清单综合单价	14.15 元/m^2	其中：			3.52	8.03	1.26	0.59	0.75
2	项目编码	011703001001	项目名称	垂直运输		计量单位	m^2	工程数量	146.87
清单综合单价计算过程									
序号	定额号	定额名称	单位	数量	人工费	材料费	机械费	管理费	利润
①	B12-208	垂直运输	100m^2	1.47			827.67		
							1216.67		
小　计							1216.67	149.03	191.63
清单综合单价	10.59 元/m^2	其中：					8.28	1.01	1.30
3	项目编码	011707007001	项目名称	地面成品保护		计量单位	m^2	工程数量	141.74
清单综合单价计算过程									
序号	定额号	定额名称	单位	数量	人工费	材料费	机械费	管理费	利润
①	B8-15	地面成品保护	100m^2	1.42	24.64	261.25			
					34.99	370.98			
小　计					34.99	370.98		4.29	5.51
清单综合单价	2.94 元/m^2	其中：			0.25	2.62		0.03	0.04
4	项目编码	011707007002	项目名称	内墙面成品保护		计量单位	m^2	工程数量	299.02
清单综合单价计算过程									
序号	定额号	定额名称	单位	数量	人工费	材料费	机械费	管理费	利润
①	B8-18	内墙面成品保护	100m^2	2.99	41.16	27.81			
					123.07	83.15			
小　计					123.07	83.15		10.79	13.87
清单综合单价	0.78 元/m^2	其中：			0.41	0.28		0.04	0.05
合　计					675.38		1401.46		

15. 工程量清单计价程序表

工程量清单计价程序表

工程名称：××公司办公室室内装饰工程

序号	费用项目	计算公式	金额/元
1	分部分项工程费	Σ(分部分项清单工程量×综合单价)	69724.52
1.1	其中:人工费+机械费	(12265.73+146.35)	12412.08
2	措施项目清单费	7220.92+2825.32	10046.24
2.1	单价措施项目费	Σ(技术措施工程量×综合单价)	7220.92
2.1.1	其中:人工费+机械费	675.38+1401.16	2076.54
2.2	总价措施项目费	1811.08+1014.20	2825.32
2.2.1	安全文明施工措施费	(12412.08+2076.54)×12.50%	1811.08
2.2.2	冬雨季施工费	(12265.73+146.35+123.07)×7%	1014.20
3	其他项目清单费	3.1+…	2000.00
3.1	暂列金额	按招标文件规定计算	2000.00
4	规费	3794.05+1185.19+115.91+220.31	5316.06
4.1	社会保障费	(12412.08+2076.54)×26.19%	3794.05
4.2	住房公积金	(12412.08+2076.54)×8.18%	1185.19
4.3	工程排污费	(12412.08+2076.54)×0.80%	115.91
4.4	危险作业意外伤害保险	建筑面积:146.87m^2×1.50元/m^2	220.31
5	合计(不含税工程造价)	(69724.52+10046.24+2000.00+5316.06)	87086.82
6	税金	87086.82×3.477%	3028.01
7	含税工程造价	87086.82+3028.01	90114.83

小　　结

1. 工程量清单是表现拟建工程的分部分项工程项目、措施项目、其他项目、规费和税金项目名称和相应数量的明细清单。工程量清单应由“具有编制招标文件能力的招标人或受其委托具有相应资质的中介机构进行编制”。

2. 分部分项工程量清单的编制采取“项目编码统一”“项目名称统一”“项目特征统一”“计量单位统一”与“工程量计算规则统一”的五统一原则。“项目编码”采用12位阿拉伯数字进行编码，1~9位按《工程量计算规范》附录A、…、附录S中的统一编码设置，10~12位由编制人自行编制（从001开始）。“项目计量单位”和“清单工程量”的数值精度在《工程量计算规范》附录A、…、附录S中有统一规定。

3. 工程量清单格式与工程量清单计价格式见本书附录A、附录B中有统一规定。

4. 投标报价由投标人根据或参照省（自治区、直辖市）消耗量（计价）定额、建设工程费用标准并结合企业自身的实力自主确定。综合单价中对工程施工过程中的风险要认真考虑。

5. 分部分项工程量清单采取综合单价的计价方式，工程量清单综合单价应包括完成规定计量单位清单项目所需的人工费、材料费、机械使用费、管理费和利润，并应考虑施工过程中的风险因素。

6. 措施项目清单应根据施工组织设计的要求或工程所在地区政府有关文件的规定进行计价，其他项目清单应按照招标文件规定进行计价，规费和税金项目按政府文件规定计价。

思考题与练习题

6-1 简述分部分项工程量清单各级编码代表的含义。

6-2 简述清单工程量计量单位的使用规定。

6-3 清单工程量计算精度是如何规定的？

6-4 简述分部分项工程量清单综合单价的形成过程。

6-5 某办公楼使用不锈钢钢管装饰楼梯栏杆及扶手，其中栏杆为ϕ32不锈钢管，扶手为ϕ60不锈钢管并有两处180°转角，编制楼梯栏杆及扶手的工程量清单。

6-6 某房间地面净长20m，宽15m，地面由下至上的构造如下：碎石灌浆150mm厚；C10混凝土垫层80mm厚；1:3水泥砂浆找平层20mm厚；细石混凝土地面（C20）面层40mm厚。编制该地面的工程量清单。

6-7 设某房间花岗岩石地面64.68m^2，地面由下至上的设计构造做法为：碎石灌浆120mm厚；C10砾石混凝土垫层80mm厚；1:3水泥砂浆找平层20mm厚；1:3水泥砂浆密缝镶贴花岗岩板（600mm×600mm）。若板厚20mm，板底刷养护液，板材损耗率为1.5%，试利用本地区建筑装饰工程消耗量（计价）定额编制该地面的清单综合单价。

6-8 若某装饰工程的暂列金额8000元，建设过程中甲方拟使用乙方抹灰工20个工日、木工25个工日、普通工40个工日；拟使用乙方水泥（32.5级）5t；拟使用乙方木工平刨床8个台班。根据本地区市场价格编制该工程的其他项目清单招标表及投标报价表。

第7章　建筑装饰工程预算审查与工程结算

学习目标

通过本章的学习，了解装饰工程预算审查的意义及方式，了解装饰工程结算的概念及意义，熟悉装饰工程预算的审查依据及步骤，掌握装饰工程预算的审查方法，掌握装饰工程的结算方式和结算方法。

7.1　建筑装饰工程预算审查

建筑装饰工程施工图预算或工程结算在编制过程中既涉及工程量计算规则的合理应用，又涉及定额项目的正常使用或调整、换算使用等专业技术工作，因此编制工作复杂、环节多等诸多因素往往会导致施工图预算或工程结算出现一些错误或弊病，进行建筑装饰装修工程预算审查是消除这些错误或弊病的重要保证措施。

7.1.1　建筑装饰工程预算审查的意义

施工图预算或工程结算编制完成以后，需要认真进行的审查，加强施工图预算的审查，对于提高预算的准确性，正确贯彻落实国家的有关方针政策，降低工程造价具有重要的现实意义。

1）审查施工图预算或工程结算，有利于控制装饰工程造价。

2）审查施工图预算或工程结算，有利于加强固定资产投资管理，节约建设投资。

3）审查施工图预算或工程结算，有利于施工承包合同价的合理确定和控制。施工图预算对于招标工程是编制标底的依据；对于非招标的承发包工程是合同价款结算的基础。

4）审查施工图预算或工程结算，核实装饰工程预算的真实价值，为积累和分析技术经济指标，提供准确数据，进而通过有关指标的比较，找出设计中的薄弱环节，以便及时改正，不断提高设计水平。

7.1.2　建筑装饰工程预算审查方式和方法

1. 建筑装饰工程预算审查方式

根据装饰工程不同的规模、不同的施工工艺复杂程度和不同的结算方式等具体情况，可按以下形式审查工程预算或工程结算。

（1）单独审查　这种形式是指装饰工程预算或结算编制完成后，分别由施工单位内部自审、建设单位复审、审计部门或中介事务所审定的审查形式。单独审查的主要特点是审查专一，时间地点比较灵活，不易受外界因素影响。

（2）联合会审　这种形式是指建设单位、施工单位、监理单位、审计部门或中介事务所联合起来共同会审的审查形式。该方法适用于工程规模较大、施工技术复杂、设计变更和现场签证较多的工程项目。联合会审的特点是涉及的部门多，疑难问题容易解决，审核质量能够得到保证。

（3）委托审查　这种形式是指由于不具备会审条件，建设单位不能单独审查，或者需要权威机构进行审查裁定等，由建设单位（或施工单位）委托审计部门或造价事务所等中介服务机构进行审查的形式。委托审查的特点是花费审查的总费用相对较少，审查结果具有权威性。

2. 建筑装饰工程预算审查方法

装饰工程预算或工程结算的审查方法有很多种，常见的方法有总面积法、定额项目分析法、难点项目抽查法、指标分析法、全面审查法等。不管采用何种方法审查，审查的思路只有一条：应该注意到编制工程预算或工程结算的各个环节都有可能出错。审查的重点放在那些编制工程预算或工程结算过程中出错率比较高的内容或计算过程比较复杂（如对形体复杂的大型雨篷的装饰等）、花费时间较多、技术性比较强的项目上。

（1）总面积法　总面积法是审查装饰工程预算或工程结算的基本方法。

建筑物的室内或室外装饰工程，都要计算装饰工程的建筑面积，而装饰工程的墙面面积、楼地面面积与建筑物建筑面积的关系极为密切。也就是说，尽管楼地面各个部位的装饰材料不同，但各个部位的装饰面积相加，一般都接近建筑面积，超过建筑物建筑面积或面积差距较大都是不正常的现象。按照这一原理，可以较快地审查楼地面装饰、天棚面装饰、内墙面装饰和外墙面装饰工程量的准确性。

上述思路的数学模型为：

$$\text{建筑物建筑面积} \geqslant \sum(\text{楼地面各种装饰材料面层的面积}) \tag{7-1}$$

$$\text{建筑物建筑面积} \geqslant \sum(\text{天棚面各种装饰材料面层的面积}) \tag{7-2}$$

$$\sum(\text{内墙面各种装饰材料面层面积}) \approx \text{内墙净高} \times (\text{内墙轴线长} \times 2 + \text{外墙轴线长}) - (\text{内墙门窗面积} \times 2 + \text{外墙门窗面积}) \tag{7-3}$$

$$\sum(\text{外墙面各种装饰材料面层面积}) \approx \text{外墙长} \times \text{建筑物高} - \text{外墙门窗面积} \tag{7-4}$$

（2）定额项目分析法　定额项目分析法主要用于审查装饰工程项目是否重项或漏项。

定额项目分析法的审查思路是当发现工程预算或工程结算中出现了装饰同一部位的两个或两个以上的项目时，就要根据该项目所对应的定额项目进行核对分析，如果有重复，那么就可以判断是重项。因此，熟悉预算定额是应用定额项目分析的重要基础。

（3）难点项目抽查法　在装饰工程预算或工程结算中，有些部位的装饰工程量计算比较复杂。如使用花岗岩板装饰造型变化较大的商场门面，由于凹凸面较多，几何造型多变，很难找准计算尺寸，计算式也较难列出。由于此类项目装饰材料单价高，所花费用多，所以要重点审查这些难点部位。基于上述思路，难点项目抽查法要达到准确计算装饰装修工程量，防止出现故意多算工程量，控制工程预算或工程结算“水分”的目的。

（4）重点项目抽查法　在装饰工程预算或工程结算项目中，总有少数几个项目是装饰工程造价的主要组成部分。如大面积楼地面装饰项目、铝合金门窗项目等所占工程造价费用的比例较大。如果采用抽查的方法审查工程预算或工程结算，那么，这些重点项目就是重点审查对象。措施项目费、间接费、利润、税金等几项费用约占整个造价的30%左右，所以，其计算过程、计算方法、费率取定等内容也是重点审查对象。另外，也可以用重点项目抽查法来审查装饰材料市场价格的发票或单据，以保证材料费计算的准确性。

（5）指标分析法　如果拟建装饰工程可以找到若干个已完工的类似装饰工程结算资料，那么就可以用类似工程的技术经济指标进行分析。通过每平方米建筑面积的装饰工程造价、平方米用工数量、平方米装饰材料耗用量等技术经济指标的对比分析来判断拟建装饰工程预算或工程结算的准确程度。

（6）全面审查法　全面审查法实际上是根据工程设计图样、预算定额或消耗量定额、费用定额等有关资料重新编制装饰工程预算或工程结算的方法。该方法主要用于工程规模较小或审查精度要求高的装饰工程项目。全面审查法具有精度高、花费时间长、技术难度大等特点。

与上述各种审查方法相比，全面审查法的质量较高，由于是逐一重新计算工程量和费用，因而可以审查出用其他方法不易查出的问题。如在工程预算或工程结算编制中，个别编制人故意在每个项目中多算一点或少算一点，汇总后的数量就会有较大的变化，而这种变化只有通过全面审查法才能有效地解决问题。

综上所述，装饰工程预算或工程结算的审查过程应该把握以下几项原则：

1）工程量审查是整个工程预算或工程结算的重点审查部位，工程量的准确度会引起单位工程造价的较大变化。

2）熟悉预算定额、费用定额、熟悉工程设计图样，是保证工程预算或工程结算项目齐全的基本保证，也是对工程造价人员的基本要求。

3）准确把握住装饰材料价格的关口，也就把握了工程造价准确性的重要关口。

4）各项费用的计算不但要遵循某些费用定额和有关文件的规定，而且还要进一步弄清楚为什么要计算或不计算某些费用的道理，从根本上把握住费用计算的基本方法，保证工程造价的准确性。

7.1.3　建筑装饰工程预算审核的依据、步骤和内容

1. 建筑装饰工程预算审核的依据

建筑装饰工程预算或工程结算审核的依据与其审查的内容密切相关，这些内容包括：

（1）设计资料　设计资料主要指工程设计图样及相关资料。包括装饰工程设计图样及设计说明、选用的标准图、图样会审纪要、设计变更通知单等。

（2）工程承包合同书　工程承包合同书是指建设单位和施工单位之间根据国家经济合同法和建筑安装工程合同管理条例，经双方协商确定承包方式、承包内容、工程预算或工程结算编制原则和依据、工程费用和费率的取定、工程价款结算方式等具有法律效力的重要经济文件。

（3）装饰工程消耗量定额和费用定额　装饰工程消耗量定额用于确定装饰工程直接费；装饰工程费用定额用于确定间接费、利润和税金。

（4）装饰材料预算价格（或参考价格）与实际市场采购价格　由于装饰材料的单价一般都比较高，其对工程造价的影响较大，所以在计算材料费时要确定好材料的预算价格（或参考价格）与实际市场采购价格。

应该指出，材料实际市场采购价格与材料预算价格（或参考价格）的概念有所不同。材料实际市场采购价格一般指材料采购时的发票价格，材料预算价格（或参考价格）由省（自治区、直辖市）或市（地区）工程造价管理部门统一确定。

（5）施工组织设计或施工方案　施工单位在进行一个单位工程的装饰工程施工前，都要编制施工组织设计或施工方案报建设单位批准。经建设单位批准的施工组织设计或施工方案在实施过程中发生的各项措施项目费，要计入工程预算或工程结算中。

（6）有关建筑经济文件　有关建筑经济文件是指由各级工程造价部门颁发的有关工程价款结算、工程费用调整、定额项目补充或调整等规定的各种文件。

2. 建筑装饰工程预算或工程结算审核的准备工作

认真做好工程预算或工程结算审查前的准备工作，主要包括下述内容：

1）熟悉工程设计图样。工程设计图样是审查工程预算或工程结算分项工程量的重要依据，审查时必须全面熟悉、了解并核对所有工程设计图样，清点无误后，依次正确识读。

2）了解工程预算或工程结算包括的范围。根据工程预算或工程结算编制说明，了解工程预算或工程结算包括的工程内容，如配套设施、室外管线、小区道路以及会审图样后的设计变更等。

3）弄清工程预算或工程结算采用的单位估价表（或参考价目表）。任何单位估价表（或参考价目表）或预算定额都有一定的适用范围，了解应计价的工程性质，熟悉相应的单位估价表（或参考价目表）或预算定额资料。

4）选择合适的审查方法，按相应内容审查。由于装饰工程规模和工艺繁简程度不同，各个施工企业所采取的施工方法不同，所编工程预算或工程结算的繁简和质量也不同，因此需选择适当的审查方法进行审查。

5）综合整理审查资料，并与编制单位交换意见，审查定案后编制调整工程预算或调整工程解算。工程预算或工程结算审查后，需要进行增加或核减的，经与编制单位协商，统一意见后，进行相应的修正。

3. 建筑装饰工程预算或工程结算审核的内容

从理论上讲，凡是在编制工程预算或工程结算时可能出现差错的环节，都是工程预算或工程结算的审查内容。一般来讲，建筑装饰工程预算或工程结算的主要审查内容包括工程量计算、定额套用、材料预算价格与实际价格采用、直接费计算、间接费计算、利润计算、税金计算等内容。

（1）审查工程量　工程量审查包括项目完整程度和工程量计算准确性两个方面。

1）审查工程量项目的完整程度。装饰工程量项目的不完整，主要指项目重复计算或漏算项目的问题，完成这方面审查任务的关键之处是，要熟悉工程设计图样、施工过程、预算定额或消耗量定额。如果工程预算或工程结算中所列的装饰工程量项目，通过套用预算定额后，包含了工程设计图样中的全部工作内容，那么就做到了不漏项。反之，如果工程预算或工程结算中所列的装饰装修工程量项目，通过套用定额后，重复计算了工程设计图样中的工作内容，那么就出现了重项。当然，根据工程设计图样所列的装饰工程量项目，套用定额后，不能包含工程设计图样中的全部内容，会出现漏项的现象。审查工程量项目完整程度的目的之一，就是看工程预算或工程结算是否有重项或漏项，并加以纠正。

2）审查工程量计算的准确性。审查工程量计算的准确性，主要依据工程量计算规则和工程设计图样进行。工程量计算发生错误，主要由以下几个方面的原因造成：

①工程设计图样没有完全看懂或尺寸看错。

②工程量计算结果不符合工程量计算规则的规定。

③工程量计算式列错。

④工程量计算过程有错。

⑤人为故意多算或少算工程量。

(2) 定额套项审查　定额套项审查，包括以下几个方面的内容：

1) 定额套项是否对号入座（即套用定额的工作内容是否与工程量项目的设计内容一致）。

2) 是否有重复套用定额的项目存在。

3) 是否有就高套定额项目的情况。

4) 该调整或换算的定额子目是否进行了调整或换算。

5) 进行定额套价时，工程量数据的小数点是否定错了位置。

(3) 直接工程费、工料分析的审查　直接工程费审查主要包括每个分项工程的直接工程费计算是否正确；直接工程费分部小计和直接工程费合计是否吻合；工料分析的计算过程是否正确；单位定额含量或配合比定额的含量数据是否正确；汇总材料的过程是否正确等。

(4) 材料预算价格（或参考价格）与材料实际市场采购价格的审查　材料实际市场采购价格的正确与否，对整个工程造价的影响较大，所以，要认真把好材料实际市场采购价格审查这一关，以保证工程预算或工程结算造价的准确性。

材料价格的合理性和准确性，是审查的主要内容。所谓合理性，包括两个方面：一是材料预算价格（或参考价格）要按照工程造价部门颁发的地区统一预算价格（或参考价格）执行；二是所采用的材料实际市场采购价格要取得建设单位的认可。所谓正确性是指编制预算时的材料预算价格（或参考价格）的选项要正确。

(5) 工程费用计算程序、费用项目和费率的审查　直接费计算过程审查完毕后，对于间接费、利润和税金的计算过程也要审查，这部分的审查内容包括：

1) 该工程预算或工程结算按工程承包合同的规定应该计算哪些费用。

2) 各项费用的计算程序是否正确。

3) 各项费用的计算基础是否正确。

4) 各项费用的费率是否正确。

5) 各项数据的计算过程是否正确。

7.2 建筑装饰工程结算

建筑装饰工程的计价过程存在周期长、个体差异大、动态变化频率高、资金使用量大、管理层次复杂等许多特点，为了合理使用工程建设资金，必须分期分批对工程的实施效果进行清算，并按照工程承包合同条款的规定向承包商支付工程价款，才能保证工程施工进度的需要。

7.2.1 建筑装饰工程结算的概念

工程结算是指承包商在完成工程承包合同规定的工程项目后，依据工程承包合同中关于付款条款的规定和已经完成的工程量，按照规定的程序向建设单位计算已完项目工程造价并收取相应工程价款的一项经济活动。

7.2.2　建筑装饰工程结算的重要意义

工程结算与工程价款结算回收是工程项目承包中的一项十分重要的工作，其重要意义表现在以下几个方面：

1. 工程价款结算回收是反映工程进度的主要指标

在施工过程中，工程价款结算回收的依据之一就是按照已完成的工程量进行结算，也就是说，承包商完成的结算工程量越多，所应结算回收的工程价款就应越多。所以，根据累计已结算回收的工程价款占合同总价款的比例，能够反映出工程的进度情况，并有利于准确掌握工程进度。

2. 工程价款结算回收是加速资金周转的重要环节

承包商能够尽快尽早地结算回收工程价款，有利于偿还债务，也有利于资金的回笼，降低内部运营成本，通过加速资金周转，提高资金使用的有效性。

3. 工程价款结算回收是考核经济效益的重要指标

对于承包商来说，只有工程价款如数结算回收，才能确保企业的经营收入不受损失，也避免了加大企业经营成本，承包商也才能够获得相应的利润，进而达到良好的经济效益。

7.2.3　建筑装饰工程结算方式

由于建筑装饰产品施工周期长，一般不能等到工程全部竣工后才结算工程价款，故工程结算方式分中间结算方式和竣工结算方式两种情况。

1. 中间结算方式

定期结算、阶段结算和年终结算统称为中间结算方式。

(1) 定期结算　定期结算包括月结算和季度结算。一般是在月末（或季度末）由装饰施工企业按实际完成的工程量进行统计，并编制已完工程报表和工程价款结算账单，经建设单位签证办理工程价款结算。

(2) 阶段结算　根据工程性质和特点，将装饰施工过程划分为若干施工进度阶段，以审定的建筑装饰工程施工图预算为基础，测算每个阶段的预支款数额，在施工开始时办理第一阶段的预支款，待该阶段完成后，计算其工程实际价款额，并经建设单位签证，交审计单位审查并办理阶段结算认定，同时办理下阶段预支款。

(3) 年终结算　年终结算一般适用于本年度不能竣工而跨入下年度继续施工的工程，对于这种跨年度装饰工程，建筑装饰施工企业为了正确统计本年度的经营成本和未完成工程量的盘点，必须结算本年度工程价款。

2. 竣工结算方式

工程竣工结算是指单项工程或单位建筑装饰工程竣工验收后办理的工程结算。单位工程竣工验收后，施工单位应及时整理交工技术资料，主要工程应绘出竣工图样并编制竣工结算，经建设单位审查，并通过审计单位审核后认定。因此，竣工结算是建筑装饰施工企业确定完成建筑装饰工程量，统计竣工率和核算工程成本的依据，是建设单位落实投资完成额的依据，也是建设工程价款和建筑装饰企业与建设单位进行财务账目处理与资金支付往来的依据。

根据工程承发包方式的不同，工程竣工结算方式又有以下几种方式：

（1）施工图预算加变更与签证的结算方式　这种结算方式是把经过审定的原施工图预算值作为工程结算的主要依据，凡是在施工过程中发生的但原施工图预算中又未包括的工程变更及签证项目等发生的费用，经建设单位审核后，与原施工图预算一起在竣工结算中进行调整。这种结算方式，难以预先估计工程总费用的变化幅度，往往会造成追加工程投资额的现象。

（2）施工图预算加系数包干结算方式　目前仍有个别工程实行按施工图预算加系数的包干结算方式，施工工程成本盈亏均由施工企业自行负责。施工图预算加系数包干结算也称为预算包干结算，即在编制施工图预算的同时，另外计取预算外包干费，计算方法为：

预算外包干费 = 施工图预算造价 × 包干系数

工程结算总价 = 施工图预算造价 ×（1 + 包干系数）

式中，包干系数是由建设单位和施工单位双方商定，并经有关部门审批而确定的。同时在签订合同条款时，对预算外包干费的执行范围要加以明确。

（3）工程量清单投标合同价加签证结算方式　装饰工程实行工程量清单计价模式是建筑业适应社会主义市场经济的一项重大改革，能够极大地增强施工企业的市场竞争力，加快与国际建筑市场的接轨速度。招标单位和中标方（施工单位）按照工程招标文件规定的工程量清单计价方式的中标报价、承包方式、范围、工期、质量、双方责任、权利、义务、付款及结算方式、奖惩规定等内容签订工程承发包合同。工程承发包合同规定的工程量清单总价就是工程结算总价。合同范围外增加的项目除应另行经建设单位签证计算费用外，原则上原合同确定的工程总价不变。

小　　结

1. 进行建筑装饰工程预算审查是消除施工图预算或工程结算错误或弊病的重要保证措施。一般采取的审查形式有：单独审查、联合会审、委托审查。

2. 对建筑装饰工程施工图预算或工程结算采取的常见审查方法包括：总面积法、定额项目分析法、难点项目抽查法、重点项目抽查法、指标分析法、全面审查法。

3. 建筑装饰工程的管理与计价过程存在周期长、个体差异大、动态变化频率高、资金使用量大、管理层次复杂等许多特点，分期进行工程结算是解决上述各种复杂因素的重要措施。常见的工程价款结算方式包括：定期结算、阶段结算、年终结算。

4. 常用的工程竣工结算方式包括：施工图预算加变更与签证的结算方式，施工图预算加系数包干结算方式，工程量清单投标合同价加签证结算方式。

思考题与练习题

7-1　装饰工程预算审查有哪些方法？

7-2　装饰工程预算审查的主要依据是什么？

7-3　装饰工程的结算方式有几种？

附　　录

附录 A　工程量清单格式

1. 招标工程量清单封面

______________工程

招 标 工 程 量 清 单

招　标　人：______________
（单位盖章）

造价咨询人：______________
（单位盖章）

年　月　日

2. 招标工程量清单扉页

______________工程

招 标 工 程 量 清 单

招　标　人：______________
（单位盖章）

造价咨询人：______________
（单位资质专用章）

法定代表人
或其授权人：______________
（签字或盖章）

法 定 代 表 人
或 其 授 权 人：______________
（签字或盖章）

编　制　人：______________
（造价人员签字盖专用章）

复　核　人：______________
（造价工程师签字盖专用章）

编制时间：　　年　　月　　日

复核时间：　　年　　月　　日

3. 总说明

总 说 明

工程名称： 第 页 共 页

4. 分部分项工程和单价措施项目清单表

分部分项工程和单价措施项目清单表

工程名称： 标段： 第 页 共 页

序号	项目编码	项目名称	项目特征描述	计量单位	工程数量

5. 总价措施项目清单表

总价措施项目清单

工程名称： 标段： 第 页 共 页

序号	项目编号	项 目 名 称	计算基础	费率（%）	备注
1		安全文明施工费			
2		夜间施工费			
3		二次搬运费			
4		冬雨季施工费			
5		已完工程及设备保护费			

编制人（造价人员）： 复核人（造价工程师）：

6. 其他项目清单表

其他项目清单表

工程名称： 标段： 第 页 共 页

序号	名 称	金额/元	备 注
1	暂列金额		
2	暂估价		
2.1	材料（工程设备）暂估价		
2.2	专业工程暂估价		
3	计日工		
4	总承包服务费		
5	索赔与现场签证		

7. 暂列金额明细表

暂列金额明细表

工程名称： 标段： 第 页 共 页

序号	项目名称	计量单位	暂定金额/元	备 注
1				
2				
3				
4				
5				
6				
合 计				

8. 材料（工程设备）暂估单价表

材料（工程设备）暂估单价表

工程名称： 标段： 第 页 共 页

序号	材料名称、规格、型号	计量单位	暂估数量	暂估单价/元	备 注

9. 专业工程暂估价表

专业工程暂估价表

工程名称：　　　　　　标段：　　　　　　第　页　共　页

序号	工 程 名 称	工程内容	金额/元	备　注
1				
2				
3				
4				
5				
合　计				

10. 计日工表

计 日 工 表

工程名称：　　　　　　标段：　　　　　　第　页　共　页

序号	项 目 名 称	单　位	暂定数量
一	人工		
1			
2			
人工小计			
二	材料		
1			
2			
材料小计			
三	施工机械		
1			
2			
施工机械小计			
总　计			

11. 总承包服务费表

总承包服务费表

工程名称：　　　　　　标段：　　　　　　第　页　共　页

序号	项目名称	项目价值/元	服务内容	计算基础	费率（%）
1	发包人发包专业工程				
2	发包人供应材料				
	合计				

12. 规费、税金项目清单表

规费、税金项目清单表

工程名称：　　　　　　标段：　　　　　　第　页　共　页

序号	项 目 名 称	计算基础	费率（%）
1	规费		
1.1	社会保障费		
(1)	养老保险费		

（续）

序号	项目名称	计算基础	费率（%）
(2)	失业保险费		
(3)	医疗保险费		
(4)	工伤保险费		
(5)	生育保险费		
1.2	住房公积金		
1.3	工程排污费		
2	税金		

编制人（造价人员）：　　　　　　　　　　　　　　　　复核人（造价工程师）：

附录B　工程量清单计价格式

1. 投标总价封面

__________工程

投 标 总 价

投标人：________________
（单位盖章）

年　月　日

2. 投标总价扉页

投 标 总 价

招　　标　　人：________________________

工　程　名　称：________________________

投标总价（小写）：________________________
　　　　（大写）：________________________

投　　标　　人：________________________
（单位盖章）

法 定 代 表 人：
或 其 授 权 人：________________________
（签字或盖章）

编　　制　　人：________________________
（造价人员签字盖专用章）

时　　　　　间：　　　年　　月　　日

3. 总说明

总 说 明

工程名称： 第 页 共 页

4. 建设项目投标报价汇总表

建设项目投标报价汇总表

工程名称： 第 页 共 页

序号	单项工程名称	金额/元	其 中		
			暂估价/元	安全文明施工费/元	规费/元
合 计					

5. 单项工程投标报价汇总表

单项工程投标报价汇总表

工程名称： 第 页 共 页

序号	单位工程名称	金额/元	其 中/元		
			暂估价	安全文明施工费	规费
合 计					

6. 单位工程投标报价汇总表

单位工程投标报价汇总表

工程名称： 标段： 第 页 共 页

序号	汇 总 内 容	金额/元	其中：暂估价/元
1	分部分项工程		
1. 1			
1. 2			
1. 3			
2	措施项目		—
2. 1	安全文明施工费		—
3	其他项目		—
3. 1	暂列金额		—
3. 2	暂估价		—
3. 2	计日工		—
3. 4	总承包服务费		—
4	规费		—
5	税金		—
投标报价合计 =1 +2 +3 +4 +5			

7. 分部分项工程和单价措施项目清单计价表

分部分项工程和单价措施项目清单计价表

工程名称： 标段： 第 页 共 页

序号	项目编码	项目名称	项目特征描述	计量单位	工程量	金额/元		
						综合单价	合价	其中：暂估价
本页小计								
合 计								

8. 综合单价分析表

综合单价分析表

工程名称： 标段： 第 页 共 页

项目编码				项目名称				计量单位		工程量	
清单综合单价组成明细											
定额编号	定额名称	定额单位	数量	单价/元				合价/元			
				人工费	材料费	机械费	管理费和利润	人工费	材料费	机械费	管理费和利润
人工单价	小　计										
元/工日	未计价材料费										
清单综合单价/元											

	主要材料名称、规格、型号	单位	数量	单价/元	合价/元	暂估单价/元	暂估合价/元
材料费明细							
	其他材料费			—		—	
	材料费小计			—		—	

9. 总价措施项目清单与计价表

总价措施项目清单与计价表

工程名称： 标段： 第 页 共 页

序号	项 目 名 称	计算基础	费率（%）	金额/元
1	安全文明施工费			
2	夜间施工费			
3	二次搬运费			
4	冬雨期施工费			
5	大型机械设备进出场及安拆费			
6	施工排水费			
7	施工降水费			
8	地上、地下设施、建筑物的临时保护设施费			
9	已完工程及设备保护费			
10	专业工程措施项目			
合　计				

10. 其他项目清单与计价汇总表

其他项目清单与计价汇总表

工程名称：　　　　标段：　　　　第　页　共　页

序号	名　　称	计量单位	金额/元	备　注
1	暂列金额			
2	暂估价			
2.1	材料（工程设备）暂估价			
2.2	专业工程暂估价			
3	计日工			
4	总承包服务费			
5	索赔与现场签证			
	合　计			

11. 暂列金额明细表

暂列金额明细表

工程名称：　　　　标段：　　　　第　页　共　页

序号	项目名称	计量单位	暂定金额/元	备　注
1				
2				
3				
4				
5				
6				
合　计				—

12. 材料（工程设备）暂估单价表

材料（工程设备）暂估单价表

工程名称：　　　　标段：　　　　第　页　共　页

序号	材料名称、规格、型号	计量单位	数量	单价/元	合价/元	备　注
1						
2						
3						
4						

13. 专业工程暂估价表

专业工程暂估价表

工程名称：　　　　　　　　　　标段：　　　　　　　　　　第　页　共　页

序号	工 程 名 称	工程内容	金额/元	备　注
1				
2				
3				
4				
合　计				—

14. 计日工表

计 日 工 表

工程名称：　　　　　　　　　　标段：　　　　　　　　　　第　页　共　页

序号	项目名称	单位	暂定数量	实际数量	综合单价/元	合价/元
一	人工					
1						
2						
人工小计						
二	材料					
1						
2						
材料小计						
三	施工机械					
1						
2						
施工机械小计						
四	企业管理费和利润					
总　计						

15. 总承包服务费计价表

总承包服务费计价表

工程名称：　　　　　　　　　　　　标段：　　　　　　　　　　　　第　页　共　页

序号	项目名称	项目价值/元	服务内容	费率（%）	金额/元
1	发包人发包专业工程				
2	发包人供应材料				
合　计					

16. 规费、税金项目清单计价表

规费、税金项目清单计价表

工程名称：　　　　　　　　　　　　标段：　　　　　　　　　　　　第　页　共　页

序号	项目名称	计算基础	费率（%）	金额/元
1	规费			
1.1	社会保障费			
(1)	养老保险费			
(2)	失业保险费			
(3)	医疗保险费			
(4)	工伤保险费			
(5)	生育保险费			
1.2	住房公积金			
1.3	工程排污费			
2	税金	不含税工程造价		
合　计				

17. 发包人提供材料和工程设备一览表

发包人提供材料和工程设备一览表

工程名称：　　　　　　　　　　　　标段：　　　　　　　　　　　　第　页　共　页

序号	材料（工程设备）名称、规格、型号	单位	数量	单价/元	备注

附录C ××公司办公室室内装饰施工图

设计说明

1）工程名称：××公司办公室室内装饰工程。

2）装饰工程建筑面积：146.87m^2。

3）装饰工程项目范围及内容：

①楼地面工程：大厅地面、会议间地面、财务室地面、经理室地面、公共卫生间地面、经理室卫生间地面、厨房地面、阳台地面；大厅踢脚板、会议间踢脚板、财务室踢脚板、经理室踢脚板。

②墙柱面工程：大厅、会议间、经理室、公共卫生间、经理室卫生间、厨房墙面装饰。

③天棚工程：大厅、会议间、财务室、经理室、公共卫生间、经理室卫生间、厨房天棚、阳台天棚装饰。

④门窗工程：见“工程设计门窗表”的具体规定。

⑤油漆、涂料工程：墙面、天棚面油漆、涂料项目。

⑥措施项目：成品保护、垂直运输、室内空气污染测试。

4）不在计价范围的项目：背景墙、活动隔断、各种家具（办公桌椅、沙发、壁橱等）、壁画、效果图、布艺卷帘、各种灯具、卫生器具等不计算装饰工程造价。

图样目录

序号	图别	图号	图名	备注
1	装饰图	01	平面布置图	
2	装饰图	01-1	平面放线图	
3	装饰图	02	天棚装饰图	
4	装饰图	03	节点大样图	
5	装饰图	04	装饰剖面与节点大样图	
6	装饰图	05	装饰剖面与节点大样图	
7	装饰图	06	装饰剖面与节点大样图	

门窗表

序号	门窗编号	规格（宽×高）	数量	类型	标准图号
1	C1	洞口：900mm×1400mm 展开：（900mm+220mm×2）×2000mm	2	塑钢窗（中空玻璃16mm）	略
2	C2	洞口：1200mm×1380mm 展开：1200mm×1380mm	1	塑钢窗（中空玻璃16mm）	略
3	C3	洞口：2500mm×1380mm 展开：2500mm×1380mm	1	塑钢窗（中空玻璃16mm）	略
4	YC1	洞口：1500mm×1730mm 展开：（1350mm+635mm）×2300mm	1	塑钢窗（中空玻璃16mm）	略

（续）

序号	门窗编号	规格（宽×高）	数量	类　型	标准图号
5	YC2	洞口：1800mm×1730mm 展开：（1700mm+635mm）×2300mm	1	塑钢窗（中空玻璃16mm）	略
6	YC3	洞口：2100mm×1730mm 展开：（2000mm+635mm）×2300mm	1	塑钢窗（中空玻璃16mm）	略
7	YC4	洞口：2700mm×2200mm 展开：（1400mm+4340mm+1450mm+1450mm+1335mm）×2800mm	1	塑钢窗（中空玻璃16mm） （落地整层窗）	略
1	M1	1000mm×2100mm	1	铝合金平开门（普通白玻璃6mm）	略
2	M2	850mm×2100mm	2	实木镶板门；外侧防盗门	略
3	M3	700mm×2100mm	3	带百叶实木镶板门	略

地面、踢脚线构造及材料表

序　号	部　　位	地　　面	踢　　脚	说　　明
1	大厅、会议室、经理室、财务室	1:2.5水泥砂浆整体面层20mm厚；铺化纤地毯	18mm木夹板基层，100mm高白色铝塑踢脚板	见装饰图
2	卫生间、厨房	1:3水泥砂浆找平层10mm厚；SBS改性沥青防水层卷起300mm高；1:3水泥砂浆找平层10mm厚；贴300mm×300mm防滑玻化砖	不做	见装饰图
3	阳台	C20混凝土垫层100mm厚；1:3水泥砂浆找平层20mm厚；1:3水泥砂浆粘贴600mm×600mm地面砖	不做	见装饰图

墙面、天棚构造及材料表

序　号	部　　位	墙　　面	天　　棚	说　　明
1	大厅、会议室、经理室、财务室	做法一：抹灰面刷白色乳胶漆 做法二：木龙骨；18mm夹板基层；白色铝塑板面层 做法三：木龙骨；18mm夹板基层；3mm夹板面层；刷灰色真石漆	做法一：38系列轻钢龙骨；哈迪板；刷乳胶漆 做法二：38系列轻钢龙骨；钢网；刷黑色清漆 做法三：30mm×30mm木龙骨；圆形或椭圆造型	见装饰图
2	卫生间、厨房	1:3水泥砂浆粘贴150mm×75mm墙面砖	25mm×25mm木龙骨；条形铝扣板面层	见装饰图
3	阳台	刷白色乳胶漆	刷白色乳胶漆	见装饰图

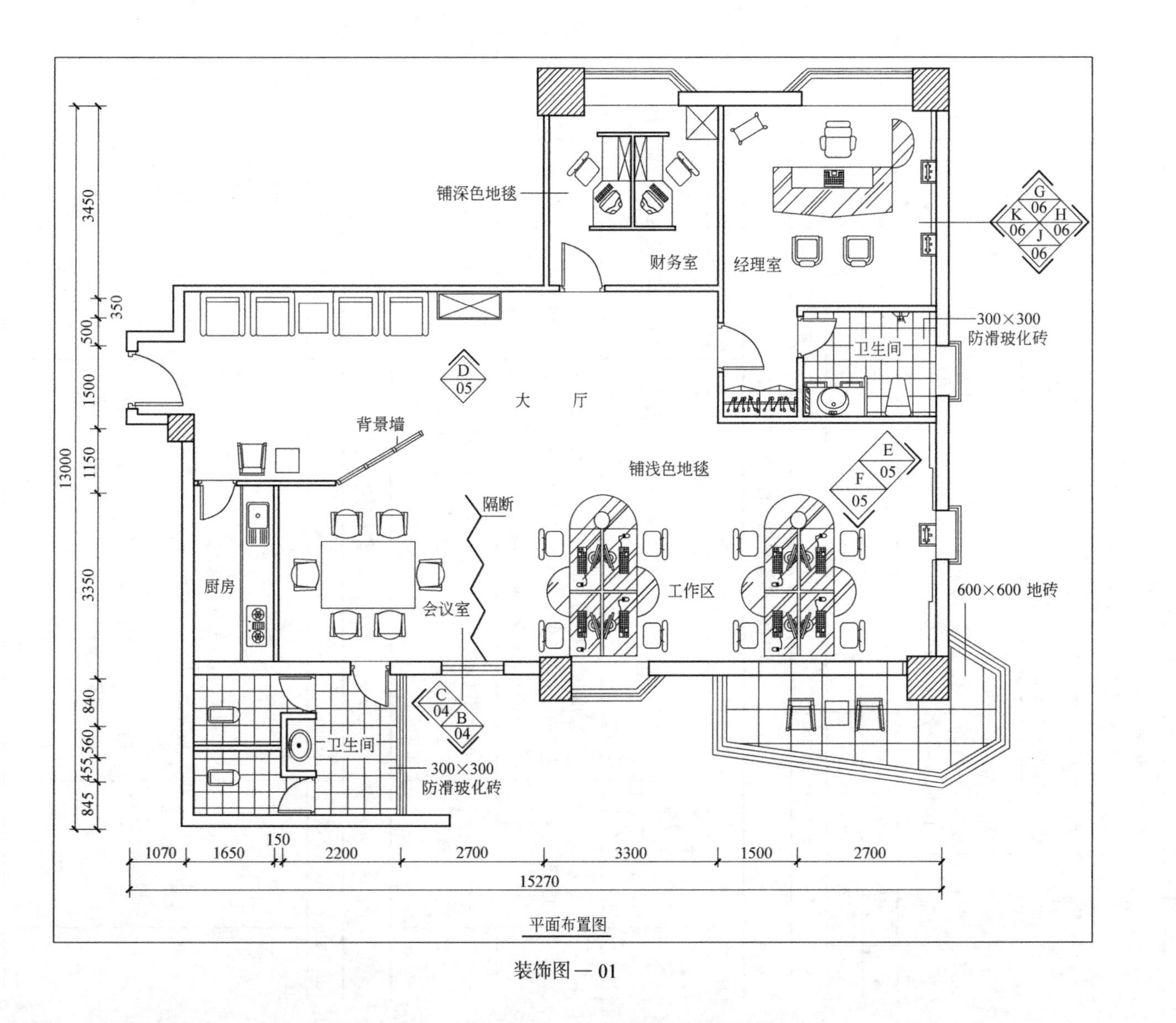
铺深色地毯
财务室
经理室
300×300
防滑玻化砖
卫生间
大厅
背景墙
铺浅色地毯
隔断
厨房
会议室
工作区
600×600 地砖
卫生间
300×300
防滑玻化砖
3450
350
500
1500
1150
13000
3350
840
560
455
845
1070
1650
150
2200
2700
3300
1500
2700
15270

平面布置图

装饰图—01

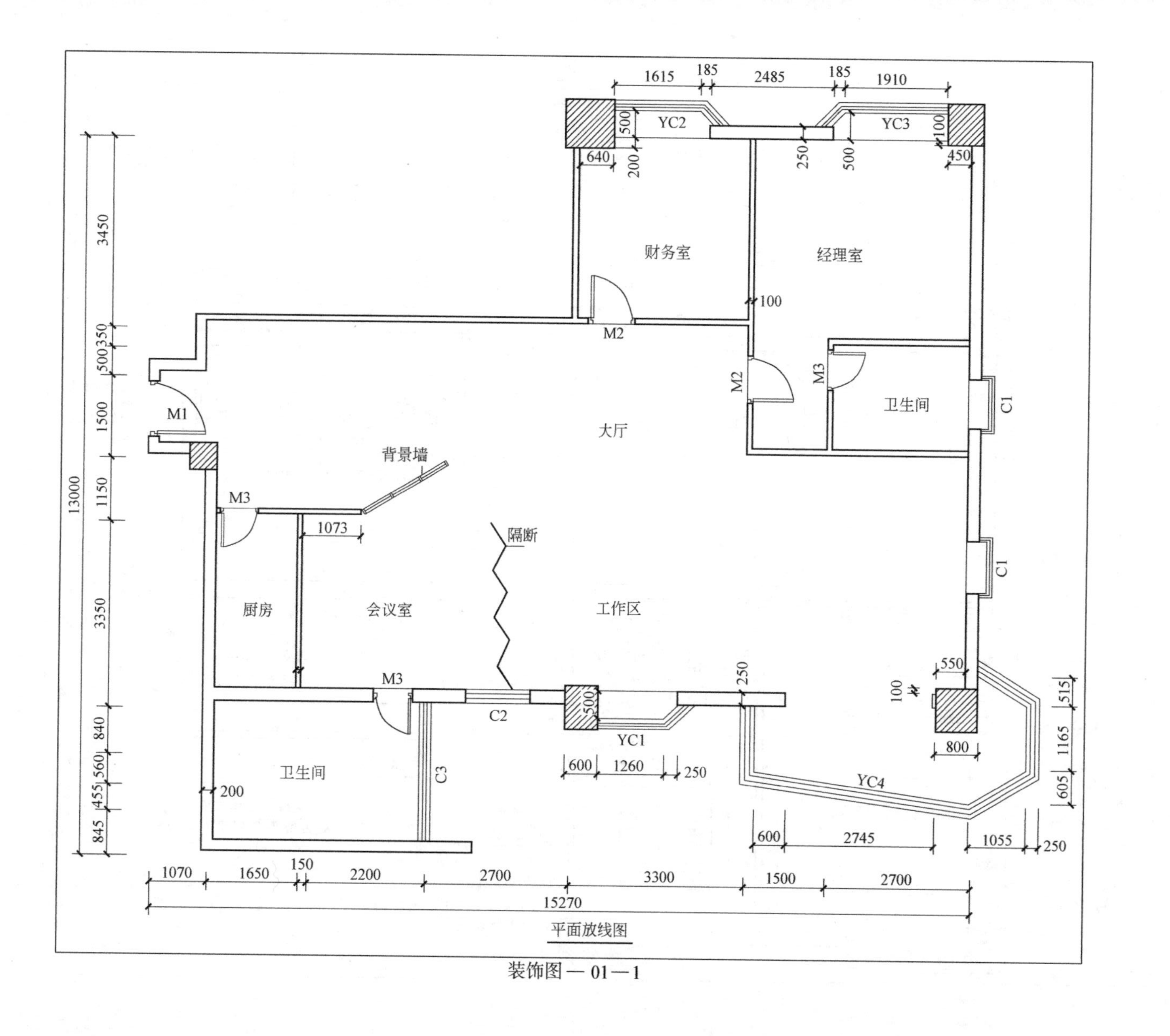

平面放线图

装饰图—01—1

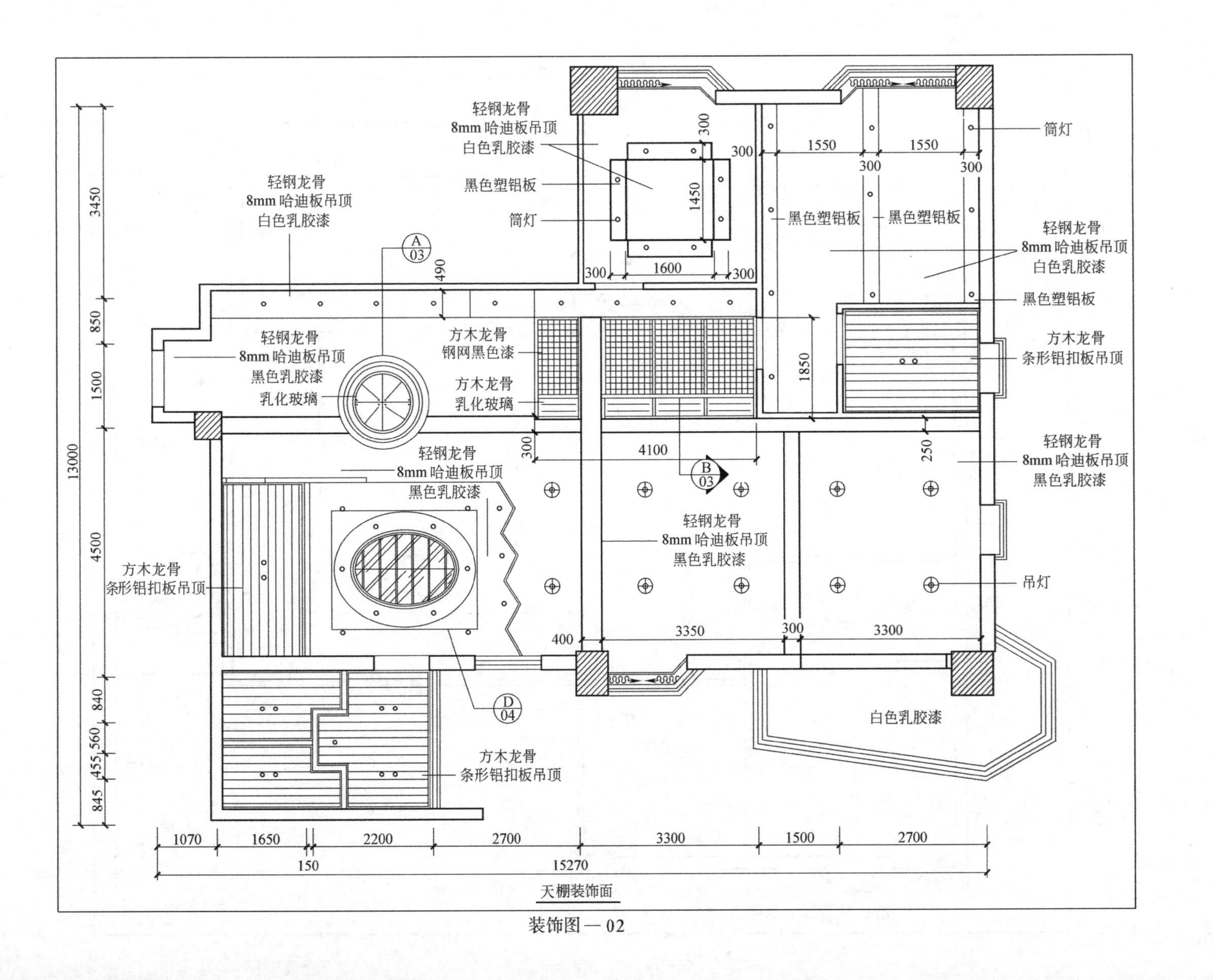
轻钢龙骨
8mm哈迪板吊顶
白色乳胶漆
黑色塑铝板
筒灯
筒灯
黑色塑铝板
黑色塑铝板
轻钢龙骨
8mm哈迪板吊顶
白色乳胶漆
黑色塑铝板
轻钢龙骨
8mm哈迪板吊顶
白色乳胶漆
A 03
轻钢龙骨
8mm哈迪板吊顶
黑色乳胶漆
乳化玻璃
方木龙骨
钢网黑色漆
方木龙骨
乳化玻璃
方木龙骨
条形铝扣板吊顶
轻钢龙骨
8mm哈迪板吊顶
黑色乳胶漆
B 03
轻钢龙骨
8mm哈迪板吊顶
黑色乳胶漆
轻钢龙骨
8mm哈迪板吊顶
黑色乳胶漆
方木龙骨
条形铝扣板吊顶
吊灯
D 04
白色乳胶漆
方木龙骨
条形铝扣板吊顶
300
300
1550
1550
300
300
1450
300
1600
300
490
1850
300
4100
250
400
3350
300
3300
3450
850
1500
4500
840
560
455
845
13000
1070
1650
150
2200
2700
3300
1500
2700
15270

天棚装饰面

装饰图—02

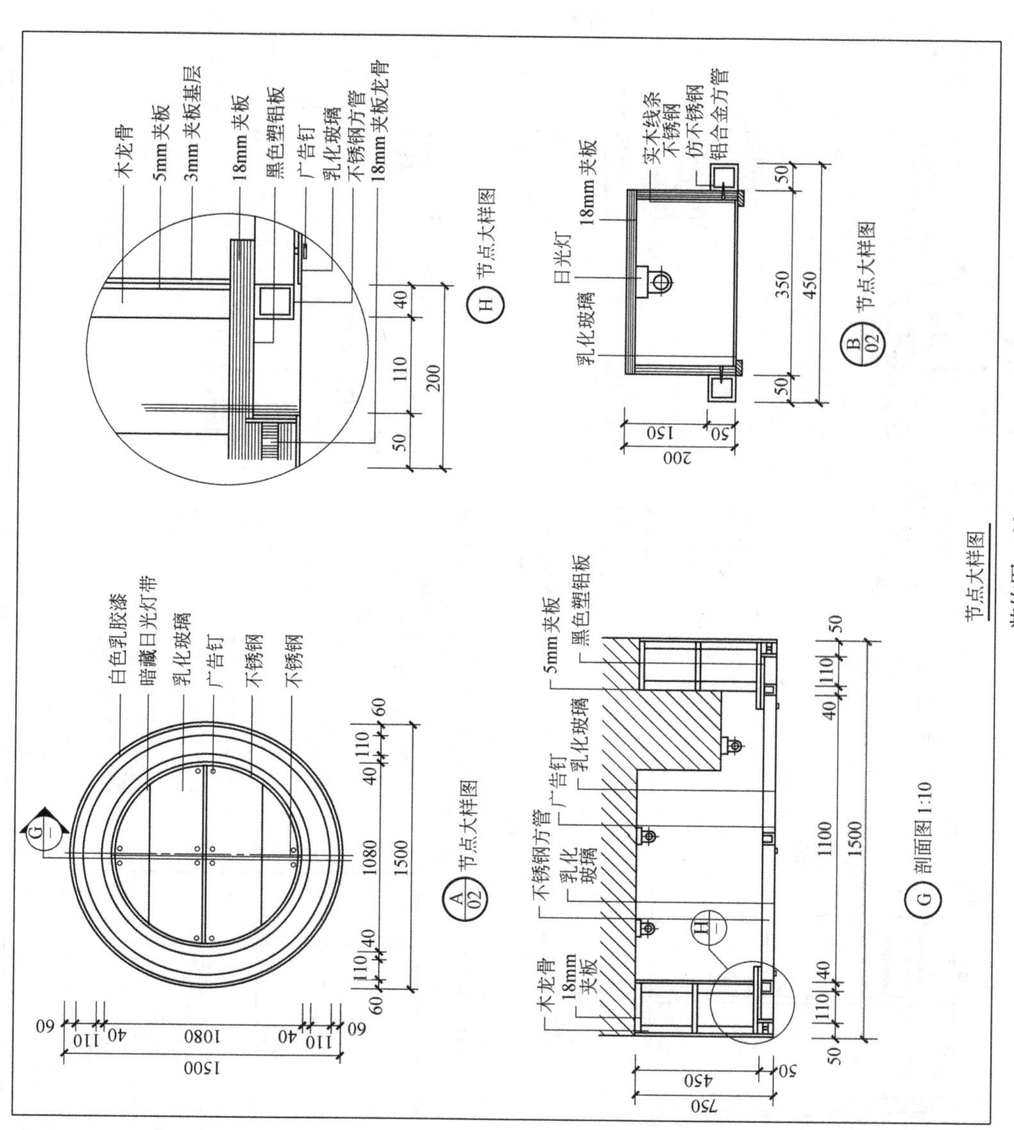
白色乳胶漆
暗藏日光灯带
乳化玻璃
广告钉
不锈钢
不锈钢
节点大样图
剖面图 1:10
木龙骨
18mm夹板
不锈钢方管
乳化玻璃
广告钉
乳化玻璃
5mm夹板
黑色塑铝板
木龙骨
5mm夹板
3mm夹板基层
18mm夹板
黑色塑铝板
广告钉
乳化玻璃
不锈钢方管
18mm夹板龙骨
节点大样图
日光灯
乳化玻璃
18mm夹板
实木线条
不锈钢
仿不锈钢
铝合金方管
节点大样图
节点大样图
装饰图—03

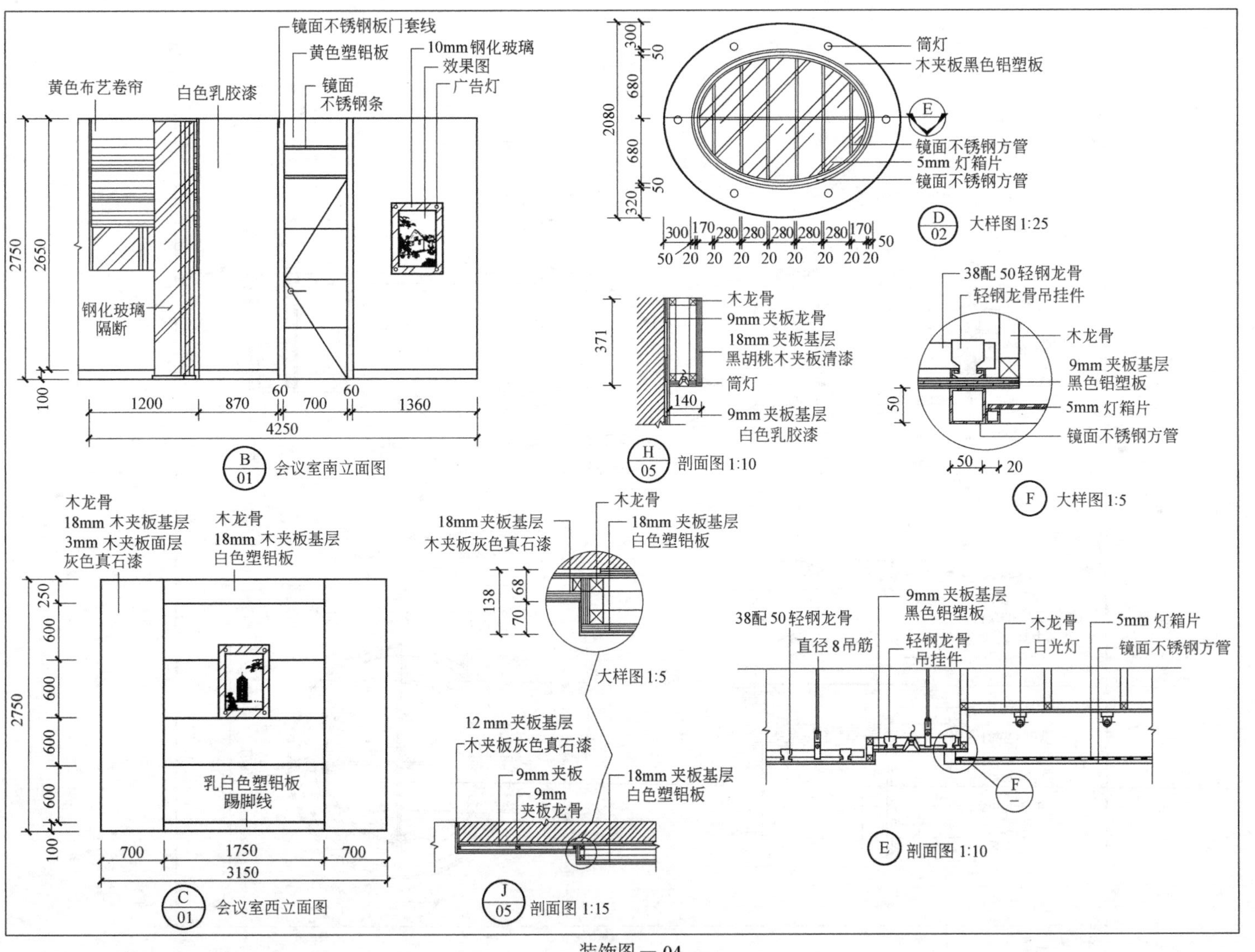

黄色布艺卷帘
白色乳胶漆
镜面不锈钢板门套线
黄色塑铝板
镜面
不锈钢条
10mm钢化玻璃
效果图
广告灯
钢化玻璃
隔断
会议室南立面图
筒灯
木夹板黑色铝塑板
镜面不锈钢方管
5mm 灯箱片
镜面不锈钢方管
大样图 1:25
木龙骨
9mm 夹板龙骨
18mm 夹板基层
黑胡桃木夹板清漆
筒灯
9mm 夹板基层
白色乳胶漆
剖面图 1:10
38配 50轻钢龙骨
轻钢龙骨吊挂件
木龙骨
9mm 夹板基层
黑色铝塑板
5mm 灯箱片
镜面不锈钢方管
大样图 1:5
木龙骨
18mm 木夹板基层
3mm 木夹板面层
灰色真石漆
木龙骨
18mm 木夹板基层
白色塑铝板
乳白色塑铝板
踢脚线
会议室西立面图
18mm夹板基层
木夹板灰色真石漆
木龙骨
18mm 夹板基层
白色塑铝板
大样图 1:5
12 mm夹板基层
木夹板灰色真石漆
9mm夹板
9mm
夹板龙骨
18mm 夹板基层
白色塑铝板
剖面图 1:15
38配 50轻钢龙骨
直径 8吊筋
9mm 夹板基层
黑色铝塑板
轻钢龙骨
吊挂件
木龙骨
日光灯
5mm 灯箱片
镜面不锈钢方管
剖面图 1:10

装饰图 — 04

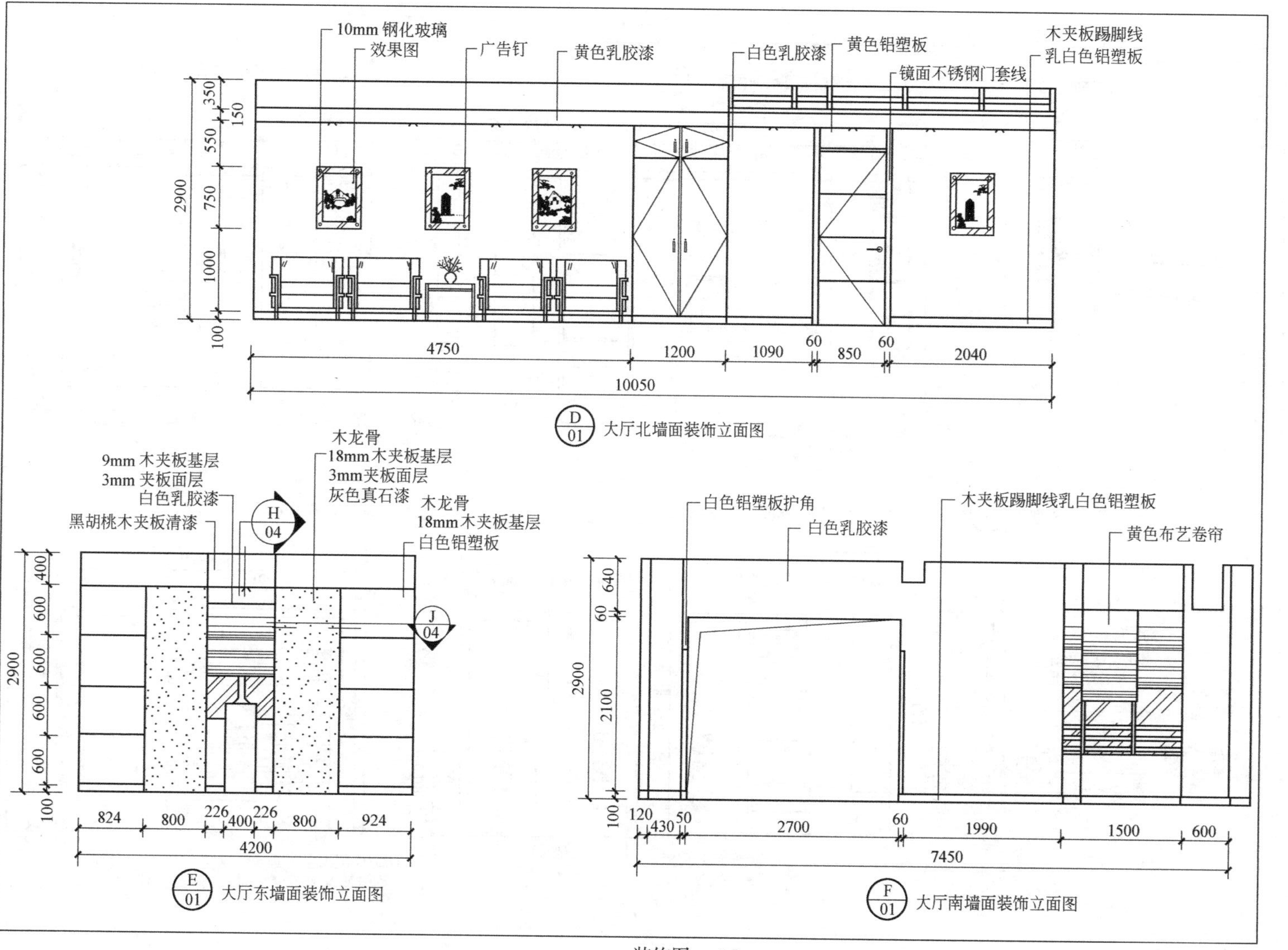

D/01 大厅北墙面装饰立面图

E/01 大厅东墙面装饰立面图

F/01 大厅南墙面装饰立面图

装饰图 — 05

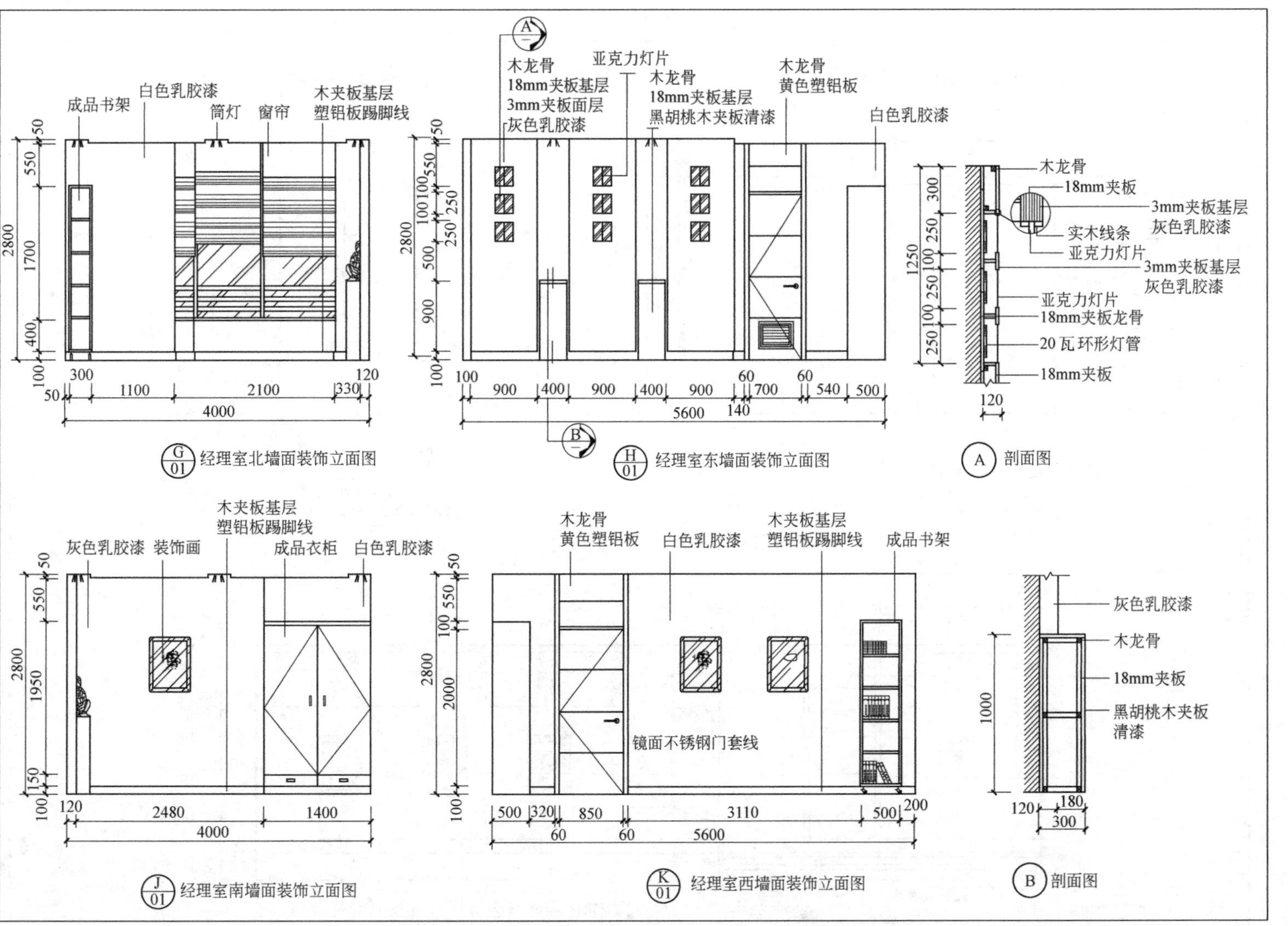
成品书架
白色乳胶漆
筒灯
窗帘
木夹板基层
塑铝板踢脚线
经理室北墙面装饰立面图
木龙骨
18mm夹板基层
3mm夹板面层
灰色乳胶漆
亚克力灯片
木龙骨
18mm夹板基层
黑胡桃木夹板清漆
木龙骨
黄色塑铝板
白色乳胶漆
经理室东墙面装饰立面图
木龙骨
18mm夹板
3mm夹板基层
灰色乳胶漆
实木线条
亚克力灯片
3mm夹板基层
灰色乳胶漆
亚克力灯片
18mm夹板龙骨
20瓦环形灯管
18mm夹板
剖面图
灰色乳胶漆
装饰画
木夹板基层
塑铝板踢脚线
成品衣柜
白色乳胶漆
经理室南墙面装饰立面图
木龙骨
黄色塑铝板
白色乳胶漆
木夹板基层
塑铝板踢脚线
成品书架
镜面不锈钢门套线
经理室西墙面装饰立面图
灰色乳胶漆
木龙骨
18mm夹板
黑胡桃木夹板
清漆
剖面图

装饰图—06

参考文献

[1] 但霞. 建筑装饰工程预算［M］. 北京：中国建筑工业出版社，2004.

[2] 沈祥华，周述发，高峰，等. 建筑工程概预算［M］. 武汉：武汉理工大学出版社，2004.

[3] 孙幼平，等. 建设工程计价定额编制说明. 沈阳：辽宁人民出版社，2008.

[4] 孙幼平，等. 辽宁省建筑工程计价定额 A. 沈阳：辽宁人民出版社，2008.

[5] 孙幼平，等. 辽宁省装饰装修工程计价定额 B. 沈阳：辽宁人民出版社，2008.

[6] 孙幼平，等. 建设工程混凝土、砂浆配合比标准. 沈阳：辽宁人民出版社，2008.

[7] 中华人民共和国住房和城乡建设部. GB50500—2013 建设工程工程量清单计价规范［S］. 北京：中国计划出版社，2013.

[8] 中华人民共和国住房和城乡建设部. GB50854—2013 房屋建筑与装饰工程工程量计算规范［S］. 北京：中国计划出版社，2013.